高等学校制药工程专业系列教材

制药工程专业实验

□主　编　韦　琨
□副主编　刘　金　佘振南
　　　　　李　菲　曹秋娥

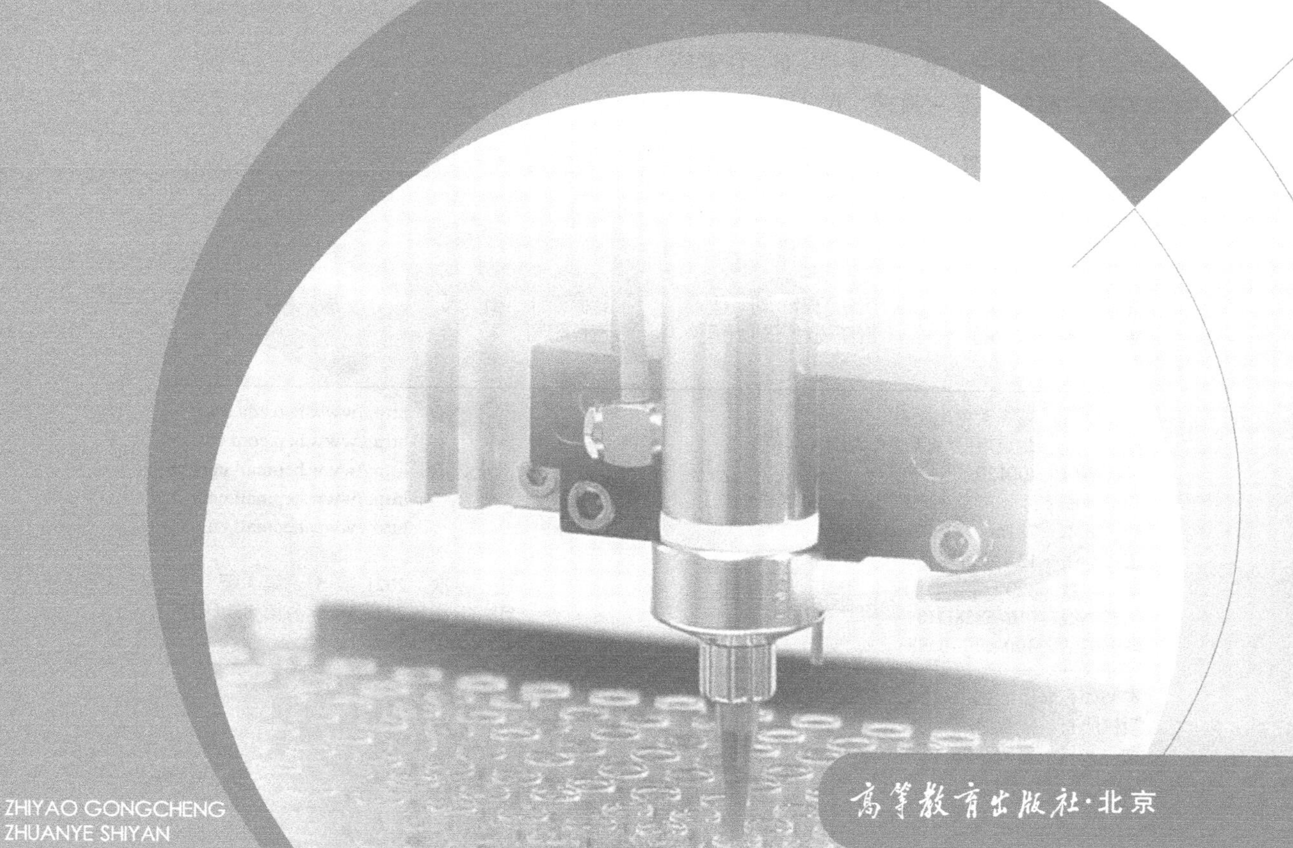

ZHIYAO GONGCHENG
ZHUANYE SHIYAN

高等教育出版社·北京

内容简介

全书包括三部分内容:安全篇、基础篇及综合篇。安全篇介绍了制药工程实验的基本安全规范;基础篇包括三个模块,分别为药物化学实验、制剂工程实验及药物分析实验,所选实验均为经典基础实验;综合篇为新编的12个药物综合实验,每个实验均涉及药物的合成或分离提取、市售剂型的制备以及分析检测。本书基于“一体化”教学理念,将药物化学实验、药物制剂实验以及药物分析实验进行了有机结合,充分体现了“制药”的概念,有助于学生更好地认识、理解和掌握制药工程专业的核心知识和实验研究技能,从而培养学生解决复杂制药工程问题的能力以及创新思维。

本书适合作为高等学校制药工程、药物制剂、中药学、药学等专业本科生实验教材,也可供相关科技人员参考。

图书在版编目(CIP)数据

制药工程专业实验 / 韦琨主编.--北京:高等教育出版社, 2021. 5

ISBN 978-7-04-055697-1

Ⅰ.①制… Ⅱ.①韦… Ⅲ.①制药工业-化学工程-实验-高等学校-教材 Ⅳ.①TQ46-33

中国版本图书馆CIP数据核字(2021)第030955号

策划编辑 刘 佳 责任编辑 刘 佳 封面设计 姜 磊 版式设计 马 云
插图绘制 邓 超 责任校对 刘娟娟 责任印制 朱 琦

出版发行	高等教育出版社	网 址	http://www.hep.edu.cn
社 址	北京市西城区德外大街4号		http://www.hep.com.cn
邮政编码	100120	网上订购	http://www.hepmall.com.cn
印 刷	涿州市京南印刷厂		http://www.hepmall.com
开 本	787mm×1092mm 1/16		http://www.hepmall.cn
印 张	13		
字 数	320千字	版 次	2021年5月第1版
购书热线	010-58581118	印 次	2021年5月第1次印刷
咨询电话	400-810-0598	定 价	27.20元

物 料 号 55697-00

前　言

《制药工程专业实验》是基于《药物化学实验》《药物分析实验》以及《制剂工程实验》的相关教学要求及内容所编写的一部一体化制药工程专业实验教材。本书以《中国药典》中所收载的典型药物作为研究对象，首先采用药物化学的基本方法对所选择的对象进行合成或提取，利用各种分离手段对所得产物进行分离纯化，并借助光谱、质谱等仪器分析方法对化合物的结构进行确定。然后，依照我国药典对该药物描述，以合成或提取分离所得的产物为原料，通过制剂研究，制备成相关剂型。最后，基于药典的分析方法，对所得剂型进行相关检测。通过该课程，能让学生对化学药物及中药的研发生产过程有一个整体认识，可增加学生对药物的理解，培养他们分析和解决实际问题的能力，严谨、认真的科学作风，为其今后的工作打下良好的基础。

本书可作为高等学校制药工程、药物制剂、中药学、药学等专业本科生教材，也可作为制药行业相关领域的参考书籍。全书共分为三篇：安全篇、基础篇及综合篇。安全篇详细描述了制药工程实验的安全规范；基础篇包括三个模块，分别为药物化学实验、制剂工程实验以及药物分析实验，所选实验均为专业基础实验；综合篇为新编的 12 个药物综合实验，每个实验均涉及原料药的合成或分离提取、市售剂型的制备以及分析检测。书中的每个实验项目均包括实验目的、实验原理、实验步骤或内容、注意事项以及思考题等内容。

本书由云南大学化学科学与工程学院韦琨担任主编并统稿，刘金、佘振南、李菲、曹秋娥任副主编，蔡乐和周皓也参与了编写工作。具体编写分工如下：安全篇相关内容由蔡乐和韦琨编写；基础篇中的药物化学实验部分由韦琨和刘金编写，药物制剂实验部分由佘振南和韦琨编写，药物分析实验部分由李菲和曹秋娥编写；综合篇的相关实验内容由该书的所有编者共同编写。

本书的编写工作得到了云南大学本科教材建设项目的资助。在本书的编写过程中，还得到学校和学院领导的关心和支持，在此深表感谢。虽然所有编者都对本书的编写工作付出了最大的努力，但是书中难免有疏漏和不足之处，诚恳希望广大读者给予批评指正。

编者

2020 年 7 月

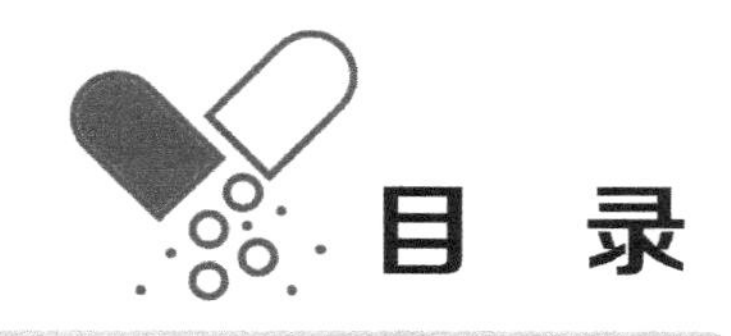

目　录

绪论　制药实验安全常识

基　础　篇

综　合　篇

绪论

制药实验安全常识

第一章

制药工程实验室安全规范

制药工程专业是以培养生产工程技术人才为目标的化学、药学和工程学交叉的工科类专业，该专业以培养工程技术人才为目标，注重学生实验实践能力的提升。制药工程实验是该专业的重要核心课程，具有非常强的实践性，要求学生在掌握基本理论知识的基础上进行大量的实验，验证所学理论知识，设计新的制药工艺或者合成新的药物[1]。实验教学中涉及大量化学和药学相关操作，这类实验经常要使用易燃、易爆、有毒和强腐蚀性试剂，易引起火灾、爆炸、中毒及其他人身伤害事故，因此制药工程实验中的安全问题非常重要。

一、安全的原则

制药工程实验中有两个原则，首先要保障实验者的人身安全，这是以人为本的基本体现，也是各国高校实验室安全管理的首要原则[2]。在实验过程中必须最大程度地避免人身伤害事故发生，在发生安全事故时要在保障人员安全的前提下进行事故处置。其次要保障环境安全，要避免对实验环境和实验场所周边环境的人为污染，严格控制实验废物的排放，所有学生都应养成良好的环境安全意识。

二、安全意识的培养

安全是每个人共同分担的责任，没有任何工作重要到需要违反安全操作规定去加快完成，要知道所有事故都是“引发的”，不是无缘无故地发生的。据统计，超过 90% 的实验室安全事故是由人员安全意识淡薄引起的，事实上，所有与职业相关的事故都是可以避免的，这也提示我们安全意识的重要性。所有进入制药工程实验室的同学务必提高安全意识，确保实验安全有序进行，严格遵守实验室安全操作规范。

三、制药工程实验室安全管理规定

(1) 实验室内使用的电炉必须固定位置,定点使用,专人管理,周围严禁堆放可燃物;电炉的电源线必须是橡套电缆线,实验室内用电量不允许超过额定的负荷。

(2) 实验室内的通风管道应为不可燃材料,其保温材料应为不可燃和难燃材料。

(3) 实验室内的易燃易爆化学危险物品应随用随领,不能在实验室存放,少量备用的化学危险物品应由专人负责,存放在防爆柜中。

(4) 有毒有害药品存储要设有专用存储柜,规范领取,进行双人双锁管理;强酸与强碱、氧化剂与还原剂等要分开存放;易制毒试剂必须按规定存放和保管,腐蚀溶剂须配有二次泄漏防护容器。

(5) 废液瓶必须进行固定,防止倾倒,避免安全隐患。废物须张贴标签,包含废物类别、成分、产生单位、送废液人员和日期等信息。

(6) 气瓶必须固定并存放在气瓶柜中,可燃性气体与氧气等助燃气体不能混放,涉及有毒易燃易爆气体场所要装设监控报警装置,并张贴警示标识。

(7) 实验室必须配备手套、护目镜、防毒面具等防护用品和急救箱,实验室人员须按实验要求佩戴防护设备。

(8) 所有进入实验室的人员应穿实验工作服,不得穿拖鞋,不得披散长发,实验室中禁止吸烟、饮食、打闹、高声喧哗。

(9) 实验完毕,将仪器洗净并归还,保持桌面整洁,严禁将实验室任何药品及物品带离实验室。

(10) 如发现消防安全隐患,电器过热、有异味等,要立即采取措施,及时关闭电源。一旦发生火灾,应立即呼救并找准火源,判明火警性质,岗位工作人员就近灭火,同时迅速报警,按预定线路及时疏散人员,并指定专人保护现场。

(11) 实验人员应认真学习实验室安全管理规定,掌握必要的安全防护知识,学会一些突发事故的应急处理方法。

四、制药工程实验室安全设施的使用

1. 急救箱

急救箱中需要配备棉棒、消毒酒精、过氧化氢、创可贴组合、护创贴、卡扣式止血带、敷料镊子、绷带、剪刀、体温计、医用口罩、云南白药喷雾剂等。消毒酒精和过氧化氢用于皮肤黏膜创伤的清洁消毒;创可贴组合用于轻微擦伤或割伤处理;卡扣式止血带用于压脉止血;云南白药喷雾剂用于活血散淤、消肿止痛。

2. 通风橱

使用前检查电源、给排水、气体、管路、照明设备是否正常，打开抽风机运行约 3 min 静听是否正常，通风橱在使用时每 2 h 进行 10 min 的开窗补风，使用超过 5 h 的，敞开窗户避免室内低压；使用后应将柜体内外擦拭干净，关闭各项开关及视窗。通风橱的人员操作区应保持畅通，周围不得堆放物品，橱中禁止存放易燃易爆物品、移动插线排或电线，不得做国家禁止排放的有机物质与高氯化物质的混合实验，实验时不得将头伸进通风橱查看，一旦化学物品喷溅应立即关闭通风橱视窗并切断电源。

3. 灭火器

使用时，用手握住灭火器的提环，平稳、快捷地提向火场，不要横抱或者横拿。灭火前先将灭火器上下颠倒几次，使筒内干粉松动。灭火时，一手握住喷筒把手，另一手拔去保险销，将扶把上的鸭嘴压下，对准火源即可灭火。扑救液体火灾时，对准火焰根部喷射，并由远及近，左右扫射，快速推进；扑救固体火灾时，应使用喷嘴对准燃烧最猛烈处，左右扫射，并尽量使干粉灭火剂均匀地喷洒在燃烧物的表面。注意不要将灭火器的盖与底对着人体，防止盖、底弹出伤人；扑灭电器火灾时尽量先切断电源，防止人员触电；灭火时人员应站在上风处；室内使用后应立即通风。

4. 紧急洗眼器及紧急喷淋器

紧急洗眼器主要用于眼部和面部的紧急冲洗。使用时首先取下洗眼器上的防尘盖，用手轻推手推阀，清洁水会自动从洗眼喷头中喷出来，对准眼部和面部进行冲洗，使用后须将手推阀复位并将防尘盖复位。紧急喷淋器用于全身冲淋清洗，受伤者站在喷头下方，拉下阀门拉手，喷淋之后立即上推阀门拉手使水关闭。

五、制药工程实验室中的主要安全问题

1. 危险化学品安全

制药工程实验室内危险化学品种类较多，多数药品有毒性、腐蚀性和易燃易爆的特点，若管理或取用不当，会带来事故隐患[3]。实验中常见的危险化学品包括易燃有机溶剂、腐蚀性酸液、易爆固体试剂、易燃易爆气体和易制毒化学品。

(1) 易燃有机溶剂：制药工程实验室使用的大部分有机溶剂都易燃并有一定毒性，常用的有机溶剂包括氯仿、甲醇、乙醚、石油醚、丙酮和乙醇等，操作或者取用有机溶剂必须在通

风橱内，以上实验室常用溶剂中甲醇和氯仿毒性最大，甲醇可引起中枢神经系统损害、眼部损害及代谢性酸中毒，氯仿有麻醉性和肝脏毒性；丙酮和乙醚毒性次之，丙酮有中枢神经系统的麻醉毒性，乙醚有麻醉作用，接触易出现头痛和嗜睡。易燃易爆性质方面，乙醚最为危险，在空气中能氧化成过氧化物、醛和乙酸，当乙醚中存在一定量过氧化物时，在蒸发后的残留过氧化物受热时会引起强烈爆炸，此外乙醚沸点极低，极易发生爆炸，应避光低温保存，要尽量减少使用；石油醚也具有易燃易爆性质，与氧化剂会强烈反应，蒸气与空气可形成爆炸性混合物，遇明火、高热能引起燃烧爆炸；甲醇、乙醇和丙酮均易燃，要避免火源。

(2) 腐蚀性酸液：制药工程实验室常用腐蚀性酸液包括盐酸、硫酸、硝酸和二氯亚砜，酸液极易腐蚀金属及实验室台柜，要使用耐酸碱试剂柜。使用时要高度注意硫酸和硝酸的强氧化性，操作时要戴防护手套，配制硫酸溶液时应严格注意只能把硫酸加入水中，不能把水加入硫酸中；盐酸具有强挥发性和刺激性，操作必须在通风橱内进行；二氯亚砜不可与水接触，对呼吸道及眼结膜有明显刺激作用，皮肤接触液体可引起灼伤，操作必须在通风橱内进行。

(3) 易爆固体试剂：制药工程实验室常用的易爆固体试剂包括金属钠、乙醇钠、黄磷、苦味酸和高锰酸钾等，易爆固体试剂最好放在防爆柜保存，按量购买，避免大量堆放[4]。金属钠和乙醇钠遇水会猛烈反应，要严格避免与水接触；黄磷在空气中会自燃，须储存在水中，与空气隔绝，远离火源和热源；高锰酸钾遇硫酸、铵盐或过氧化氢能发生爆炸，遇甘油、乙醇自燃，燃烧分解产物有锰酸钾、二氧化锰、氧气，易引发火灾，使用过程中要注意避免混储混用；苦味酸接触明火、高热或受到摩擦、震动、撞击可能爆炸，要避免火源和热源，同时使用过程中要轻拿轻放。

(4) 易燃易爆气体：制药工程实验室常用的易燃易爆气体包括氢气和乙炔，氢气比空气轻，在室内使用和储存时，漏气上升滞留屋顶不易排出，遇火星引起爆炸，使用时要严防泄漏；乙炔极易燃烧，在液态下或在气态和一定压力下有猛烈爆炸的危险，受热、震动、电火花等因素都可以引发爆炸，一旦泄漏要立即切断火源和电源。

(5) 易制毒化学品：制药工程实验室常用的易制毒化学品较多，包括三氯甲烷、乙醚、醋酸酐、甲苯、丙酮、高锰酸钾、硫酸和盐酸等，这些试剂严禁带离实验室，尽量避免一次性大量领用，使用不完会造成积存，存在安全隐患。易制毒化学品一旦丢失或被盗，必须立即向学校保卫部门和实验室管理部门报告。

2. 制药工程实验室常见仪器和设备的使用安全

(1) 温度计：使用前应观察它的量程和最小刻度，待测温度不得低于它能测的最低温度，不得高于能测的最高温度，使用时玻璃泡应全部浸入待测液体中，不能接触容器底部或容器壁，待温度计示数稳定再读数，且视线与温度计液柱的上表面相平。温度计切不可当成玻璃棒使用，温度计一旦打破，必须立即采用硫黄处理。

(2) 电热套：使用电热套时首先要接通电源，把烧瓶置于电热套内，然后连接所需装置，再打开开关，预设加热温度，开始加热，使用完毕后关闭电源。注意使用前检查电线是否安全，加热时需有人看管，不得干烧，使用时不能将试样溢出到电热套内，一旦发生烧瓶破裂漏液至电热套内，必须立即关闭电源，待电热套完全晾干后，方可继续使用。

(3) 旋转蒸发仪：使用旋转蒸发仪时首先要接通主机和水浴锅的电源，打开开关，设置水浴加热所需温度，然后开始水浴加热，升高主机，装上蒸发瓶，打开真空泵，当真空度指针达到 0.03 MPa 时，降低主机，把蒸发瓶置于水浴中，同时打开冷凝水，调节转速旋钮至适宜转速，开始进行溶剂蒸发。蒸发瓶中溶剂蒸干时，停止转动，升高主机，打开放气阀，使真空度为零，然后关闭真空泵，取下蒸发瓶，关闭冷凝水、主机和水浴锅电源。注意使用前检查电路安全性、真空管气密性，水浴锅中的水应使用去离子水，体积不超过水浴锅的三分之二，并每周至少更换一次，水浴温度不得过高以免影响蒸发物的性质，蒸发物的量不超过蒸发瓶体积的三分之二，以防暴沸冲入接收瓶。使用完后要把接收瓶中的溶液分类回收或者倒入废液桶。

（4）烘箱：烘箱中严禁放入易燃、易爆、易挥发及有腐蚀性的物品，箱内物品摆放不能太过密集，底层散热板上不能放置物品以免影响气流流动，烘箱进行干热灭菌时需有人值守，严禁过夜使用。烘箱若发生火灾、爆炸等事故，首先要关闭电源。当烘箱进行高温烘焙时，严禁直接打开箱门，冷空气突然进入可能使玻璃门及烘箱内玻璃制品因骤冷而破裂。

（5）气瓶：气瓶必须专瓶专用，不得擅自更改气瓶颜色（国家明确规定不同气体使用不同颜色的气瓶）、钢印号，使用时应直立放置，并采取防止倾倒的措施；近距离移动的气瓶应手持瓶肩，转动瓶底，严禁抛、滚、滑、翻；用于连接气瓶的减压器、接头、导管和压力表应做好标识，用在同一种气瓶上，严禁混用；不得将气瓶靠近热源，放置气瓶的周围 10 m 内不得有明火或产生火花的工作，气瓶防止暴晒，瓶阀冻结时应移到温暖的地方，用不超过 40℃的温水或热源对瓶阀解冻。

（6）压片机：压片机使用时应该注意冲模在用前要严格检查，不得有裂纹、缺边、变形等缺陷，安装要做到松紧适当，如不合格，切勿使用，以免损坏设备；颗粒原料是关系到能否顺利压片的重要因素，应按工艺要求控制颗粒质量，否则将影响片剂质量，同时也影响机器的正常运行；压片速度对片剂质量和设备寿命都有影响。一般难成型物料、大直径片剂选用慢速压片，而易成型的小片选用较快转速压片；压片室每次实验后都应该打扫清理。一些细小粉末黏附在冲杆、冲杆孔及中模孔上就会造成塞冲、冲杆转动不灵活，影响设备正常运行；定期检查保养易磨损件，如轨导、压轮、过桥和冲模，防止因个别件的损坏而影响整机；停机之前应将压片速度尽可能降低后，再停机。

（7）药物溶出仪：使用药物溶出仪进行药物溶出度测定时，必须保证水位至少高于水槽右端出水口 2 cm 以上，水浴建议使用去离子水，不易产生水垢，初次开机时，水位应降低 1 cm。开机后若无数字显示，电源指示灯不亮，应检查保险丝是否烧断，电源电压是否正常。开机后若温度数字显示乱跳，可查看测浊线插头与传感器插座连接是否良好。放入待测药片前要用温度计准确测量溶出杯中的温度，确定是否达到设定温度，杯中温度达到要求后方可放入待测药片开始实验。要确保每一个溶出杯中桨或者转篮的高度一致，实验完毕后要把溶出杯取出洗净，以备下次使用。

（8）高压液相色谱仪：高压液相色谱仪使用时要注意色谱柱切不可接反，建议安装预柱，试样必须使用微孔滤膜过滤。所有流动相均需过滤后使用，流速要逐步加大，流速越大，柱压越大，一般要控制压力不超过 2 000 psi①，柱压异常升高要考虑色谱柱或者管道堵塞。色谱柱使用完必须冲洗干净后用甲醇过柱保藏，不可用纯水保藏，以防长菌。

① 1 psi=6.895 kPa。

3. 实验室废物安全

制药工程实验室包含许多化学实验操作,实验过程中会使用大量化学药品,涉及废液、有害气体和固体废物的排放,虽然体量上不及基础化学实验室,但废物成分的复杂程度更高,如不采取有效的处理措施,则会损害师生健康,污染实验室和周边环境[5]。实验室可根据废液的性质,将废液分类储存在废液桶或者废液存储器中,定期收集,统一处理。实验室盛装废液的容器应能够耐受所存储化学试剂,不易破损、变形和老化,并能防止渗漏和扩散。废液盛装容器必须贴有标签,标明废液的类别、成分、产生单位、送废液人员和日期等[6]。有些实验室废物也可先在实验室中进行无害化处理,不同的实验室废物,一般处理方法如下:

(1) 废酸和废碱:实验室废酸和废碱应该分别集中存放,一般回收价值不大,可以使用中和法使其 pH 达到 5.8~8.6,如果此废液中不含其他有害物质,则可加水稀释至含盐浓度在 5% 以下排放。

(2) 废气:对于无毒害气体,采取直接通过通风设施排放。对于有毒碱性气体(如 NH_3),可用回收的废酸吸收;对于有毒酸性气体(如 SO_2 和 H_2S),可用回收的废碱吸收。

(3) 含有锌、镉、汞、锰等重金属离子的废液:一般采用碱液沉淀法,也就是加入碱或硫化钠使重金属离子变成难溶性的氢氧化物或硫化物而沉淀,再经过滤,残渣交予专业的化学废物处理厂家进行处理。

(4) 含铬(Ⅵ)废液:在酸性条件先用还原性 $FeSO_4$ 或用硫酸加铁屑还原至铬(Ⅲ)后,再转化为氢氧化物沉淀,经过滤后的残渣交予专业的化学废物处理厂家进行处理。

(5) 含砷的废液:可以加入 Fe^{3+} 盐溶液及石灰乳,使砷化物沉淀后过滤分离,残渣由专业的化学废物处理厂家进行处理。

(6) 含有爆炸性化学品的残渣:含有卤氮化合物、氧化钡等爆炸性化学品的残渣遇到有机化合物时容易发生爆炸,不能在实验室里随便放置,应将它们及时销毁。处理卤氮化合物废渣的方法是加入氨水,使它们的溶液 pH 呈碱性,处理过氧化物废渣的方法是加入一定的还原剂,如硫酸亚铁、盐酸羟胺或亚硫酸钠等。

(7) 含有氰化物的废液:先加入碱液,使金属离子形成氢氧化物沉淀后过滤,然后调节滤液的 pH 至 6~8,再往滤液中加入过量的次氯酸钠溶液或漂白粉,充分搅拌,静置 12 h,使氰化物分解。

(8) 废弃有机溶剂:通过统一收集、分类、回收,采用蒸馏法进行纯化,在能达到实验要求的情况下,可反复使用,难以回收的要分类收集。废弃有机溶剂需要定期交由专业的化学废物处理厂家进行焚化处理。

4. 突发事故的应急处理

制药工程实验室经常使用各种化学试剂,包括有毒有害、易燃易爆的化学品,以及各种玻璃仪器,在实验过程中可能会出现一些突发事故,如因化学药品或试剂引起的火灾、爆炸和有毒气体泄漏,实验操作中导致的化学灼伤、烧伤、烫伤、割伤和触电等。这就对实验人员的安全意识和事故应急处理能力提出了较高的要求，因此，实验人员必须熟悉制药工程实验室常见事故的应急处理方法。

(1) 火灾：实验中发生火灾时首先要立即切断电源，有燃气的地方，应立即关闭燃气阀门，移走可燃物，及时采取灭火措施，防止火势蔓延。不同的火灾类型要采取不同的灭火措施，可燃液体着火时，可用湿布或石棉布覆盖火源，火势大时，可使用干粉灭火器灭火；衣服着火时，不要奔跑，可在地上打滚或者用灭火毯裹住身体灭火，也可迅速脱下着火衣服；有机溶剂着火时不能用水灭火，否则有机溶剂浮在水面上随水流动，扩大燃烧面积；附近有遇水易燃或者易爆的化学品，如金属钠时，不能用水灭火，只能用干粉灭火器进行灭火；电器火灾，在没有切断电源的情况下，不能用水灭火，以防引发触电事故。

(2) 爆炸：发生爆炸时，一般会伴随火灾发生，在确认安全的情况下及时切断电源和管道阀门，并进行灭火处置。危险难以控制时，所有人员应听从指挥，有组织地通过安全出口或其他方式迅速撤离爆炸现场。

(3) 有毒气体泄漏：发生有毒气体泄漏时，应佩戴防毒面具后迅速关闭毒气泄漏源，并进行通风。人员一旦吸入有毒气体，应尽快将中毒者移至空气新鲜场所，解开衣领和钮扣，保持呼吸通畅。针对氨气吸入，应该及时进行输氧；氯气吸入应给患者嗅乙醚与乙醇 1∶1 的混合蒸气；溴蒸气吸入时应给患者嗅稀氨水；一氧化碳吸入时易发生呕吐，要及时清除呕吐物，以确保呼吸道畅通，并进行输氧[7]。

(4) 灼伤：化学药品灼伤皮肤时应及时清除，避免其继续腐蚀皮肤加剧灼伤，如果衣物沾染了化学物质，要迅速脱去衣物。根据化学药品的性质和皮肤灼伤情况，采取相应的应急处理措施。酸灼伤皮肤时，要用大量流动清水冲洗，若是浓硫酸要先用干布将其擦去，然后用 2%~5% 的碳酸氢钠溶液或稀氨水冲洗，再用水冲洗皮肤，必要时涂上甘油；碱灼伤时，可用大量清水冲洗至无碱性物质，然后用 2% 醋酸溶液冲洗或撒硼酸粉，如果是氧化钙灼伤，经上述处理后可用植物油涂敷伤处；眼睛受到化学灼伤时，应立即用洗眼器冲洗，洗涤时不要揉搓眼睛，避免水流直射眼球，碱灼伤眼睛还需用 20% 硼酸溶液淋洗，酸灼伤眼睛还需用 3% 碳酸氢钠溶液淋洗；氰化物灼伤时，可用 0.1% 高锰酸钾溶液冲洗，再用 5% 硫化铵溶液冲洗；溴灼伤时，用 20% 硫代硫酸钠溶液冲洗，再用大量清水冲洗皮肤，然后涂上甘油；磷灼伤时，先用清水冲洗，然后用 2% 碳酸氢钠溶液浸泡，再用 1%~5% 硫酸铜溶液轻涂伤处，最后用稀高锰酸钾溶液湿敷包扎；苯酚灼伤时，采用 30%~50% 酒精擦洗数遍，再用大量清水冲洗干净，最后用硫酸钠饱和溶液湿敷 4~6 h。

(5) 烧伤和烫伤：发生烧伤和烫伤时，要迅速进行处置，避免受伤皮肤表面受到感染，一级烧伤（皮肤红痛或红肿）可用水冲洗使伤口处降温，再涂些烫伤油膏；二级烧伤（皮肤起泡）时，不要弄破水泡，可用薄油纱布覆盖在已清洗拭干的伤面，并包裹几层，隔天即须更换敷料；三级烧伤（组织破坏，皮肤呈现棕色或黑色）时，尽可能暴露伤口，不宜包扎，应立即送医院进行治疗。

(6) 割伤：一般轻伤应及时挤出污血，并用消过毒的镊子取出玻璃碎片，用蒸馏水洗净伤口，碘酒消毒后，再用消毒纱布包扎。大伤口应立即用毛巾或绷带等用力捆受伤部位靠近心脏段进行止血，尽快送医院就诊。

(7) 触电：遇到人员触电时，应立即切断电源，不能切断电源时可用绝缘物体小心将带电导线从触电者身上移开，使触电者迅速脱离电源。切不可徒手对触电者进行施救，以防抢救者自己被电流击倒。触电者脱离电源后立即解开上衣，保持呼吸通畅，若触电者已停止呼吸，应立即进行心肺复苏和人工呼吸[8]，并迅速与医院联系。

总之，实验室安全是平安校园建设的核心内容，建立和培养规范的实验室安全观念，其作用往往比一些生硬的规定更明显。只要实验室管理人员思想上重视制药工程实验室中的安全问题，加强安全教育，增强师生安全意识，将安全教育和实验教学融为一体，必将有效防止实验室安全事故的发生，达到培养合格的制药工程人才的目标。

实验中使用的相关仪器设备：

参考文献：

第二章

实验预习

实验预习是化学实验的重要环节，对于实验过程的安全和成功性起着关键的作用。预习是学生在课前独立或与组员共同调研相关资料，对实验内容进行认真研读和分析，对于关键步骤认真思考的过程。学生只有在课前认真预习、了解实验目的和原理、熟悉实验操作步骤、设计好记录格式，进入实验室后才能有条不紊地进行实验，并且对实验中可能出现的不安全因素做到心中有数。通过预习，学生可以充分理解和熟悉实验的基本原理及与实验相关的其他理论知识，使学生对理论知识的理解更深刻、更扎实。通过预习，学生可以对实验结果做到心中有数，这样才能正确判断实验中出现的现象是正常现象还是异常现象。

实验预习报告

姓名＿＿＿＿＿＿＿＿　学号＿＿＿＿＿＿＿＿　实验桌号＿＿＿＿＿＿＿＿
专业年级＿＿＿＿＿＿　指导教师＿＿＿＿＿＿　实验日期＿＿＿＿＿＿＿＿
实验名称＿＿＿＿＿＿＿＿＿＿＿＿＿＿＿＿＿＿＿＿＿＿＿＿＿＿＿＿

一、实验目的和要求

二、实验原理

三、文献调研

四、实验中可能的现象和结果

五、实验安全

教师签名＿＿＿＿＿＿

第三章

实验记录

实验研究记录是指在科学实验研究过程中，应用实验、观察、调查或资料分析等方法，根据实际情况直接记录或统计形成的各种数据、文字、图表、声像等原始资料。实验记录的基本要求是真实、及时、准确、完整，防止漏记和随意涂改。不得伪造、编造数据。

实验记录的内容通常应包括实验名称、实验目的、实验设计或方案、实验时间、实验材料、实验方法、实验过程、实验现象、实验数据、实验结果和结果分析等内容。

实 验 记 录

姓名__________________ 学号__________________ 实验桌号__________________

专业年级______________ 指导教师______________ 实验日期__________________

实验名称____

一、实验试剂名称、用量和物理性质

二、实验现象

三、实验数据

四、实验结果

五、实验中可能存在的问题

教师签名__________

第四章

实验报告

实验报告的书写是一项重要的基本技能训练，它不仅是对每次实验的总结，更重要的是它可以初步培养和训练学生的逻辑归纳能力、综合分析能力和文字表达能力，是科学论文写作的基础。因此，参加实验的每一位学生都应该及时认真地书写实验报告。要求内容实事求是，分析全面具体，文字简练通顺，书写清晰整洁。坚决杜绝篡改、伪造实验数据及相互抄袭的现象。

实 验 报 告

姓名__________________　学号__________________　实验桌号__________________
指导教师__________________________　实验日期______________________________
实验名称____

一、实验目的

二、实验原理

三、主要试剂用量和规格

四、主要试剂及产物的物理常数

五、实验装置图

六、实验步骤及现象

实验步骤	实验现象

七、产品性状、外观、物理常数

八、产率计算

九、讨论

成　　绩：

教师签名：

基础篇

第一部分

药物化学实验

实验一　对乙酰氨基酚的制备

一、实验目的

(1) 了解乙酰化的常用方法。
(2) 掌握药物的精制、杂质检查、结构鉴定等方法与技能。
(3) 熟悉容易被氧化产品的重结晶精制方法。

二、实验原理

对乙酰氨基酚(paracetamol)为解热镇痛药,也称扑热息痛。它是最常用的非甾体抗炎解热镇痛药,解热作用与阿司匹林相似,镇痛作用较弱,无抗炎抗风湿作用,是乙酰苯胺类药物中最好的品种。特别适合于不能应用羧酸类药物的患者。化学名:*N*-(4-羟基苯基)乙酰胺(*N*-(4-hydroxyphenyl)acetamide)。合成路线如下:

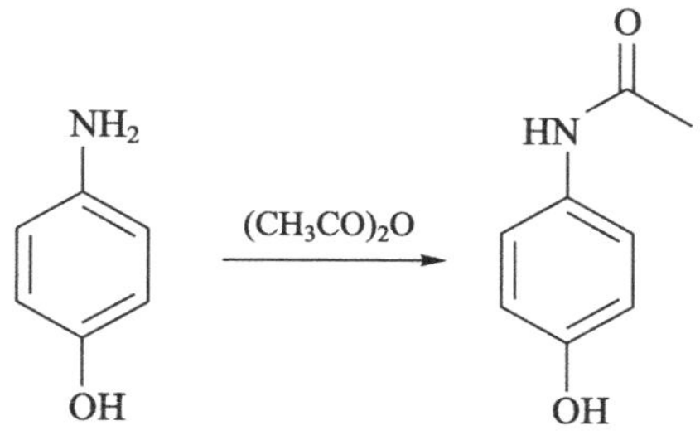

NH_2　　　　　　　　O
　　　　　　　　　HN
$\xrightarrow{(CH_3CO)_2O}$
OH　　　　　　　　OH

对乙酰氨基酚

三、实验仪器与试剂

仪器:圆底烧瓶、回流冷凝管、烧杯、布氏漏斗、抽滤瓶、温度计、锥形瓶、磁力搅拌器、旋转蒸发仪、电热套。

试剂:对氨基苯酚、乙酸酐、乙酸乙酯、水、5% 盐酸、活性炭、0.5% 亚硫酸氢钠溶液、无水硫酸镁。

四、实验内容

1. 对乙酰氨基酚的制备

在干燥的 50 mL 圆底烧瓶中加入 2.21 g 对氨基苯酚(相对分子质量 109.13),6 mL 水,2.4 mL 乙酸酐(相对分子质量 102.09,密度 1.08 g/mL),轻轻振摇,固体溶解(淡黄色液体),再于 80℃水浴中加热反应 30 min(反应液颜色变淡,TLC 检测反应终点)。反应结束后,将反应液冷却,析出白色固体。将白色固体溶解在 20 mL 乙酸乙酯中,加入等体积的水,用 5% 盐酸调节 pH 为 1,分出乙酸乙酯层,水层再用等体积的乙酸乙酯萃取一次,合并乙酸乙酯萃取液,用无水硫酸镁干燥,过滤。滤液减压除去溶剂,得对乙酰氨基酚粗品。

2. 对乙酰氨基酚的精制

在 50 mL 锥形瓶中加入上述制得的对乙酰氨基酚粗品,用 7 mL 水加热溶解,稍冷后加入活性炭 0.5 g,煮沸 5 min。在抽滤瓶中先加入亚硫酸氢钠 200 mg,趁热抽滤。滤液慢慢放冷,析晶,过滤。滤饼用 0.5% 亚硫酸氢钠溶液 5 mL 分 2 次洗涤,干燥,得到白色对乙酰氨基酚纯品(白色结晶性粉末)。

五、注意事项

(1) 加亚硫酸氢钠可防止对乙酰氨基酚被空气氧化,但亚硫酸氢钠溶液浓度不宜过高,否则会影响产品质量。

(2) 酰化反应中加水,醋酐可选择性地酰化氨基而不与羟基反应,若以醋酸代替醋酐,则反应的选择性将难以控制,且反应时间长,产品质量差。

(3) 产品中的对氨基酚是对乙酰氨基酚合成中乙酰化不完全的结果,也可能是因储存不当使产品部分水解而产生的,是对乙酰氨基酚中的特殊杂质。

六、思考题

(1) 酰化反应为何选用醋酐而不用醋酸作酰化剂?

(2) 在产品精制的过滤过程中,为什么要使用亚硫酸氢钠?

(3) 对乙酰氨基酚中的特殊杂质是何物? 它是如何产生的?

(4) 对乙酰氨基酚的粗品制备时,为什么要用 5% 盐酸进行洗涤?

对乙酰氨基酚的核磁共振谱图：

参考文献：

实验二　异烟肼的制备

一、实验目的

(1) 学习酰肼的制备方法和基本操作。
(2) 复习和巩固柱色谱分离方法。

二、实验原理

异烟肼(isonicotinic acid hydrazide),化学名:4– 吡啶甲酰肼,俗名雷米封,是当前治疗结核病的主要药物。经临床观察还具有抗炎、抗病毒作用,对消化道疾病、神经系统疾病等具有明显疗效。

异烟酸乙酯和水合肼溶解在乙醇中,恒温 60℃反应生成异烟肼。合成路线如下:

$$\mathbf{1} + H_2N—NH_2 \cdot H_2O \xrightarrow[60℃]{EtOH} \text{异烟肼}$$

1　　2　　异烟肼

三、实验仪器与试剂

仪器:圆底烧瓶、球形冷凝管、烧杯、抽滤瓶、磁力搅拌器、色谱柱、锥形瓶、旋转蒸发仪。
试剂:异烟酸、水合肼(80%)、95% 乙醇溶液、石油醚、乙酸乙酯、色谱硅胶。

四、实验内容

1. 异烟肼的制备

在 100 mL 圆底烧瓶中分别加入 1.52 g 异烟酸乙酯(相对分子质量 152.17) 和 40 mL

95% 乙醇溶液，搅拌 2~5 min 直到溶液完全溶解，然后缓慢加入 2.0 mL 水合肼(相对分子质量 50.06，密度 1.03 g/mL)。反应混合液加热至 60℃搅拌反应 1~2 h(反应液颜色变深，TLC 检测反应终点)。反应结束后，冷却至室温，旋蒸除去一半溶剂，残留液倒入装有碎冰小烧杯中，搅拌至沉淀析出。将沉淀液过滤后，用冰水冲洗，得到粗产品。

2. 异烟肼的纯化

异烟肼粗品经硅胶柱色谱分离纯化[洗脱剂为 V(石油醚)∶V(乙酸乙酯)=3∶1]，得到白色粉末。

五、注意事项

(1) 水合肼具有不同浓度，具体用量以物质的量为准，本实验使用浓度 80% 的水合肼溶液(相对分子质量 50.06，密度 1.03 g/mL)。

(2) 水合肼一般不要完全蒸干，虽然实验室条件下水浴旋蒸不存在较大安全隐患，但应注意中试放大中的危险性。

(3) 残留液倒入装有碎冰小烧杯中，一开始碎冰不宜加得过多，否则会影响固体的析出。

六、思考题

(1) 为什么冰水液中析出的粗产品仍然需要柱色谱分离提纯?

(2) 本步肼解反应为什么可以不再加额外的碱?

(3) 本步反应能换成异烟酸反应吗? 需要改变什么反应条件?

(4) 对比异烟酸和异烟酸酯底物，哪一个更容易和水合肼反应? 为什么?

(5) 酰肼的制备还有哪些常用的方法?

异烟肼的核磁共振谱图：

参考文献：

实验三 米力农的制备

一、实验目的

(1) 掌握米力农的合成方法。

(2) 了解成环反应的机理。

(3) 巩固重结晶的实验操作。

二、实验原理

米力农(milrinone),又名米利酮,化学名:2–甲基–6–氧–1,6–二氢–(3,4′–双吡啶)–5–甲腈,是一种非洋地黄强心苷、非儿茶酚胺类的正性肌力药物,它能选择性地抑制心肌细胞内的磷酸二酯酶Ⅲ,改变细胞内外钙离子的转运,增强心肌收缩力,在治疗充血性心力衰竭和扩张血管等方面发挥重要的作用。

1–(4–吡啶基)–2–丙酮 **1** 与乙氧基亚甲基丙二腈 **2** 在乙醇作为溶剂的条件下,发生环合反应,生成米力农。合成路线如下:

N O CH_3 + O N N → N N O N H

1　　2　　米力农

三、实验仪器与试剂

仪器:三口烧瓶、圆底烧瓶、球形冷凝管、烧杯、抽滤瓶、温度计、磁力搅拌器、旋转蒸发仪。

试剂:乙氧基亚甲基丙二腈、1–(4–吡啶基)–2–丙酮、95% 乙醇溶液、无水硫酸镁、活性炭。

四、实验内容

1. 米力农的制备

在装有温度计的 50 mL 三口烧瓶中加入 1.34 g 乙氧基亚甲基丙二腈(相对分子质量 112.13)和 10 mL 95% 乙醇溶液,用水浴加热至 50℃,搅拌直至溶解完全,此时溶液为亮黄色。1–(4–吡啶基)–2–丙酮 1.35 g(相对分子质量 135.17)溶解于 10 mL 的 95% 乙醇溶液中,此混合液缓慢滴入三口烧瓶中,滴加完后在 50℃下搅拌 0.5 h 后,回流 1~2 h(TLC 检测反应终点,此时反应液为深红色)。反应完成后,冷却至室温,再用冰水浴冷却,析出固体,过滤,干燥后得到红棕色的米力农粗品。

2. 米力农的精制

在 25 mL 圆底烧瓶中加入上述制得的米力农粗品,用 8 mL 乙醇溶液加热溶解,稍冷后加入活性炭 0.2 g,微沸 5 min,趁热抽滤。滤液放冷,再用冰水浴冷却,析晶,过滤。滤饼用少量冷乙醇溶液洗涤,得到淡棕色结晶性粉末,干燥,计算产率。

五、注意事项

(1) 反应初始阶段要严格控制温度，温度过高会使副产物增加。
(2) 反应完全后使用冰水浴冷却时，需不断搅拌使晶体析出。
(3) 重结晶洗涤滤饼时，最好使用滴管取用少量冷乙醇溶液洗涤，不然会影响最终产率。

六、思考题

(1) 原料乙氧基亚甲基丙二腈可用什么方法制备？
(2) 结合米力农的结构特征，推测其红外光谱的主要吸收峰位置。
(3) 结合实验结果，简述重结晶操作需要注意的事项。
(4) 试推导此反应可能的反应机理。

米力农的核磁共振谱图：

参考文献：

实验四 甲芬那酸的制备

一、实验目的

(1) 了解缺电子苯环的亲核取代反应。
(2) 掌握甲芬那酸的合成方法。
(3) 掌握等电点沉淀分离两性小分子的方法。

二、实验原理

甲芬那酸（mefenamic acid，MFA）是20世纪70年代始用于临床的邻氨苯甲酸类非甾体抗炎药物，化学名：*N*-(2,3-二甲苯基)-2-氨基苯甲酸，能抑制环氧化酶，具有解热镇痛和抗炎作用，临床用于治疗风湿性及类风湿性关节炎、骨关节炎、软组织损伤、痛经、神经痛、牙痛和头痛等。由于其原料易得、价廉，临床还在广泛应用。

邻氯苯甲酸和2,3-二甲基苯胺在铜盐催化的作用下生成甲芬那酸。合成路线如下：

COOH Cl　1　+　NH_2 CH_3 CH_3　2　$\xrightarrow[Na_2CO_3]{CuSO_4}$　CH_3 CH_3 N H COOH　甲芬那酸

三、实验仪器与试剂

仪器:三口烧瓶、球形冷凝管、烧杯、抽滤瓶、温度计、磁力搅拌器、旋转蒸发仪。

试剂:邻氯苯甲酸、无水碳酸钠、*N*,*N*- 二甲基甲酰胺(DMF)、2,3- 二甲基苯胺、盐酸、无水硫酸铜。

四、实验内容

1. 甲芬那酸的制备

在装有搅拌子、球形冷凝管和温度计的 100 mL 三口烧瓶中加入 40 mL 的 DMF,1.57 g 邻氯苯甲酸(相对分子质量 156.57)和 1.06 g 无水碳酸钠(相对分子质量 105.99)。混合液搅拌 10 min 后,加入 2.42 g 2,3- 二甲基苯胺(相对分子质量 124.18)和 0.06 g 无水硫酸铜(相对分子质量 159.60,摩尔分数 4%),在 120~130℃保温 2 h(此时溶液变为紫黑色)。TLC 检测反应完成后,冷却反应液至室温,用 3 mol/L 盐酸搅拌下调 pH 4.2 左右,用冰浴冷却,析出深紫色晶体,过滤得到甲芬那酸粗品。

2. 甲芬那酸的精制

取甲芬那酸粗品 2 g,用 4 mL DMF 加热溶解至澄清。稍冷后加入 0.3 g 活性炭,再加热 90℃保温 30 min 后趁热抽滤,冷却至室温,冰水浴冷却,析晶,过滤,得到淡紫色晶体粉末(熔点:229~230℃)。

五、注意事项

(1) 反应过程中 2,3- 二甲基苯胺要过量 2~3 倍,可根据具体的反应情况调整。

(2) 碳酸钠和生成的钠盐在 DMF 中的溶解度有限,会出现固、液两相反应,需注意保证搅拌正常。

(3) 反应要严格控制温度,温度过高会使副产物增加。

(4) 甲芬那酸的等电点为 4.2 左右,可使用 pH 计。若对产率要求不高时,也可以使用 pH 试纸粗调到 pH 4 左右。

六、思考题

(1) 结合本实验,说明苯环在什么条件下才能发生亲核取代反应?

(2) 硫酸铜的作用是什么?

(3) 碳酸钠的作用是什么?

(4) 反应结束后,为什么要使用盐酸调 pH 到 4.2 ?

甲芬那酸的核酸共振谱图:

参考文献:

实验五　苯佐卡因的制备

一、实验目的

(1) 通过苯佐卡因的合成,了解药物合成的基本过程。

(2) 掌握氧化、酯化和还原反应的原理及基本操作。

(3) 巩固实验基本操作。

二、实验原理

苯佐卡因为局部麻醉药,局部施用,作用于皮肤、黏膜的神经组织,阻断神经冲动的传导,使各种感觉暂时丧失,麻痹感觉神经末梢而产生止痛、止痒作用。化学名:对氨基苯甲酸乙酯,为白色结晶性粉末,无臭、无味或微苦,随后有麻痹感,熔点 88~90°C,易溶于乙醇、氯仿,极微溶于水,在稀酸中溶解。合成路线如下:

$$CH_3\text{-}C_6H_4\text{-}NO_2 \xrightarrow[H^+]{Na_2Cr_2O_7} COOH\text{-}C_6H_4\text{-}NO_2 \xrightarrow[EtOH]{SOCl_2} COOEt\text{-}C_6H_4\text{-}NO_2 \xrightarrow[\text{Fe粉}]{NH_4Cl} COOEt\text{-}C_6H_4\text{-}NH_2$$

苯佐卡因

三、实验仪器与试剂

仪器:三口烧瓶、圆底烧瓶、磁力搅拌器、电热套、球形冷凝管、滴液漏斗、分液漏斗、抽滤瓶。

试剂：对硝基甲苯、重铬酸钠、硫酸、无水乙醇、二氯亚砜、铁粉、氯化铵、碳酸氢钠、氯仿、碳酸钠饱和溶液、氢氧化钠。

四、实验内容

1. 对硝基苯甲酸的制备

方法一：

在装有带磁力搅拌器和球形冷凝管的100 mL三口烧瓶中，加入4.47 g重铬酸钠（$Na_2Cr_2O_7 \cdot 2H_2O$）（相对分子质量279.98），10 mL水，开动搅拌，待重铬酸钠溶解后，加入1.37 g对硝基甲苯（相对分子质量137.14），用滴液漏斗滴加7 mL浓硫酸（98%，相对分子质量98.07，密度1.84 g/mL）。滴加完毕，加热保持反应液微沸60~90 min（反应中，球形冷凝管中可能有白色针状的对硝基甲苯析出，可适当关小冷凝水，使其熔融）。冷却后，将反应液倾入16 mL冷水中，抽滤。残渣用9 mL水分三次洗涤。将滤渣转移到烧杯中，加入7 mL 5%硫酸，在沸水浴上加热10 min，并不时搅拌，冷却后抽滤，滤渣溶于14 mL温热的5%氢氧化钠溶液中，在50℃左右抽滤，滤液加入0.1 g活性炭脱色（5~10 min），趁热抽滤。冷却，在充分搅拌下，将滤液慢慢倒入10 mL 15%硫酸中，抽滤，洗涤，干燥得对硝基苯甲酸，计算产率。

方法二：

对硝基苯甲酸还可以通过对硝基苄醇氧化得到：

OH　　HO　O

TCCA，TEMPO

NaBr，$NaHCO_3$

NO_2　　NO_2

在装有磁力搅拌器和冰水浴的100 mL三口烧瓶中，加入1.99 g对硝基苄醇（相对分子质量153.13）和20 mL丙酮，开动搅拌待苄醇溶解后，加入10 mL 15%碳酸氢钠溶液，然后依次加入0.20 g溴化钠（相对分子质量102.89），0.10 g 2，2，6，6–四甲基哌啶–1–氧化物（TEMPO，相对分子质量156.25），6.04 g三氯异氰尿酸（TCCA，相对分子质量232.41），此时溶液由混浊开始变为黄色透明溶液，等混合液在冰水浴下反应10 min后，除去冰水浴，室温反应60~90 min，由TLC检测反应终点。冷却后蒸馏除去丙酮，剩余固体溶于15 mL 10%氢氧化钠溶液中，抽滤，滤液加入0.1 g活性炭脱色，趁热抽滤。冷却，往滤液中慢慢滴加15%硫酸，有白色沉淀产生，边加边搅拌，直至沉淀不再产生，抽滤，洗涤，红外干燥得对硝基苯甲酸，称量并计算产率。

2. 对硝基苯甲酸乙酯的制备

在50 mL圆底烧瓶中加入1.00 g对硝基苯甲酸（相对分子质量167.12）和10 mL无水乙醇，开动搅拌使反应液完全溶解后，在冰水浴条件下，缓慢滴加1.3 mL二氯亚砜（相对分子质量

118.96,密度 1.64 g/mL),待滴加完成后,撤去冰水浴,室温搅拌 10 min,装上附有氯化钙干燥管的回流冷凝器加热回流到 TLC 检测完全酯化(约 2 h),冷却,蒸干即为对硝基苯甲酸乙酯粗产物,可直接用于下一步反应。

3. 苯佐卡因的制备

在装有磁力搅拌器及球形冷凝管的 100 mL 三口烧瓶中,加入 25 mL 水,0.14 g 氯化铵(相对分子质量 53.49),0.86 g 铁粉(相对分子质量 55.85),加热至微沸,活化 5 min。稍冷,慢慢加入 0.98 g 对硝基苯甲酸乙酯(相对分子质量 195.17),充分剧烈搅拌,回流反应 90 min。待反应液冷至 40℃左右,加入少量碳酸钠饱和溶液调至 pH 7~8,加入 6 mL 氯仿,搅拌 3~5 min,抽滤;用 2 mL 氯仿洗三口烧瓶及滤渣,抽滤,合并滤液,倾入 50 mL 分液漏斗中,静置分层,弃去水层,氯仿层用 18 mL 5% 盐酸分三次萃取,合并萃取液(氯仿回收),用 40% 氢氧化钠溶液调至 pH 8,析出结晶,抽滤,得苯佐卡因粗品,计算产率。

4. 苯佐卡因的精制

将粗品置于装有球形冷凝管的 100 mL 圆底烧瓶中,加入 10~15 倍 50%(质量浓度)乙醇溶液,在水浴上加热溶解。稍冷,加活性炭脱色(活性炭用量视粗品颜色而定),加热回流 20 min,趁热抽滤(布氏漏斗、抽滤瓶应预热)。将滤液趁热转移至烧杯中,自然冷却,待结晶完全析出后,抽滤,用少量 50% 乙醇溶液洗涤两次,压干,干燥,测熔点,计算产率。

五、注意事项

(1) 第一步氧化反应中,在用 5% 氢氧化钠溶液处理滤渣时,温度应保持在 50℃左右,若温度过低,对硝基苯甲酸钠会析出而被滤去。

(2) 如果使用第二种方法制备对硝基苯甲酸,所需要的试剂为对硝基苄醇、丙酮、碳酸氢钠、溴化钠、2,2,6,6- 四甲基哌啶 -1- 氧化物、三氯异氰尿酸。

(3) 酯化反应必须在无水条件下进行,如有水进入反应系统中,产率将降低。无水操作的要点:原料干燥无水;所用仪器、量具干燥无水;反应期间避免水进入反应瓶。

(4) 对硝基苯甲酸乙酯及少量未反应的对硝基苯甲酸均溶于乙醇,但均不溶于水。反应完毕,将反应液倾入水中,乙醇的浓度降低,对硝基苯甲酸乙酯及对硝基苯甲酸便会析出。这种分离产物的方法称为稀释法。

(5) 还原反应中,因铁粉相对密度大,沉于瓶底,必须将其搅拌起来,才能使反应顺利进行,故充分搅拌是铁酸还原反应的重要因素。

六、思考题

(1) 氧化反应完毕,将对硝基苯甲酸从混合物中分离出来的原理是什么?

(2) 除了本实验使用的铬酸氧化法和 TEMPO/TCCA 氧化法外,还有哪些氧化方法可用于对硝基苯甲酸的制备?

(3) 酯化反应属于什么反应?本实验使用了什么方法促进了反应的进行?

(4) 酯化反应为什么需要无水操作?

(5) 铁酸还原反应的机理是什么?

(6) 铁酸还原反应的关键是需要充分搅拌,在小试反应中影响还不明显,如果中试放大,需如何解决搅拌问题?

苯佐卡因的核酸共振谱图:

参考文献:

实验六　荷包牡丹碱的分离提取

一、实验目的

(1) 掌握荷包牡丹碱的提取方法和硅胶柱色谱纯化方法。

(2) 掌握生物碱的常规显色方法及硅胶柱色谱流动相选择。

(3) 熟悉天然产物的核磁共振表征方法。

二、实验原理

地不容(*Stephania epigaea*)是云南著名的传统中草药,味苦而辛,性凉,有小毒,功能为清热解毒、镇静、理气、止痛。来自防己科(Menispermaceae)千金藤属植物,生长于湿热河谷的石灰岩上,俗名山乌龟、地胆、金不换等。在植物分类学上属千金藤属山乌龟亚属,资源较为丰富。地不容中含有生物碱,主要的生物碱成分为苄基异喹啉型生物碱,包括阿朴菲、原小檗碱、吗啡烷和双苄基异喹啉等类型,大多数阿朴菲生物碱具有抗肿瘤和胆碱酯酶抑制活性。荷包牡丹碱(dicentrine)属于异喹啉类阿朴菲生物碱(结构式如下),在地不容中含量较高,具有镇痛、镇静、抗癌、肠道平滑肌解痉、抗菌及抑制肿瘤细胞生长的作用。荷包牡丹碱的商品名为痛可宁,用于治疗头痛、牙痛、小手术后疼痛及神经衰弱等。

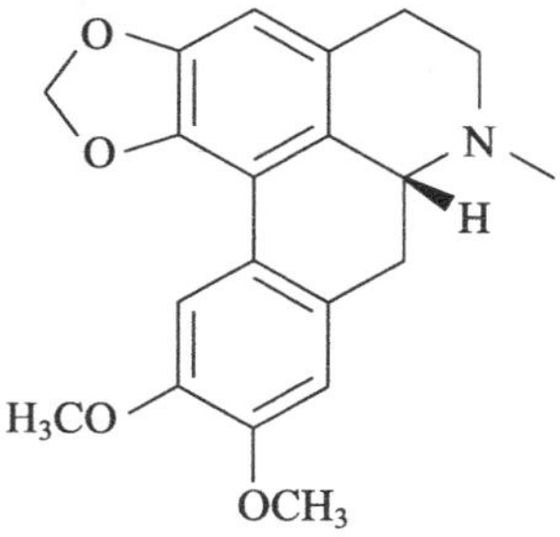

荷包牡丹碱的极性偏大,利用相似相溶原理,采用极性溶剂甲醇对其进行超声提取。荷包牡丹碱具有碱性,因此在硅胶柱色谱流动相中加入二乙胺有利于洗脱。荷包牡丹 TLC 显色可用生物碱专用显色剂改良碘化铋钾试剂。核磁共振波谱是有机化合物结构表征的常用手段。

三、实验仪器与试剂

仪器:旋转蒸发仪、超声波装置、核磁共振波谱仪、圆底烧瓶、色谱柱、抽滤瓶、布氏漏斗、蒸发皿、硅胶板、硅胶。

试剂:地不容药材、甲醇、石油醚、丙酮、二乙胺、硝酸铋、碘化钾、氯仿。

四、实验内容

1. 荷包牡丹碱的提取

称取地不容药材粉末 50 g,采用甲醇超声提取 3 次,每次使用甲醇 200 mL,每次超声 30 min。抽滤,合并甲醇提取液,减压浓缩回收甲醇得到粗提物(蒸干至剩余 5 mL 即可)。

2. 荷包牡丹碱的分离

取以上甲醇粗提物进行拌样,取 5.0 g 硅胶(100~200 目)置于蒸发皿中,60℃水浴锅加热,将试样滴加至硅胶上,试样拌至完全干燥备用。然后进行湿法装柱,硅胶用量 40 g,采用石油醚 150 mL 进行分散,装入色谱柱,把石油醚放至液面高出硅胶 3 cm 左右,静置 30 min 使硅胶压紧。此时把拌好的试样通过漏斗缓慢加入色谱柱中,放干柱顶的溶液。然后采用石油醚 - 丙酮(体积比为 4 : 1)200 mL 进行洗脱,弃去此部分洗脱液,改用石油醚 - 丙酮 - 二乙胺(体积比为 60 : 20 : 1)200 mL 进行洗脱,收集这部分洗脱液。TLC 检测,展开剂选用氯仿 - 甲醇(体积比为 4 : 1),显色剂采用改良碘化铋钾试剂。然后旋转蒸发仪上减压浓缩这部分洗脱液,浓缩物含荷包牡丹碱约 80%。

3. 重结晶

取步骤 2 所得含荷包牡丹碱浓缩物,加入大约 10 mL 甲醇进行溶解,若溶解困难可在水浴上微微加热或补加少量甲醇,至完全溶解为止,在 4℃冰箱中静置 1 h,有沉淀析出,抽滤,用 2~3 mL 甲醇洗涤沉淀物,即可得到纯度大于 90% 的荷包牡丹碱,60℃烘干后称量。

4. 结构表征

通过核磁共振(NMR)进行结构表征,溶剂选用氘代氯仿。以下是荷包牡丹碱的 NMR 数据:^{1}H NMR ($CDCl_3$, 400 MHz): δ 6.42 (s, H-3), 3.08 (m, H-4a), 2.58 (m, H-4b), 3.04 (m, H-5a), 2.41 (m, H-5b), 3.01 (brs, H-6a), 2.97 (dd, J = 11.6, 5.8 Hz, H-7a), 2.45 (dd, J = 11.6, 5.8 Hz, H-7b), 6.72 (s, H-8), 7.60 (s, H-11), 5.82, 5.98 (each 1H, s, OCH_2O), 3.84, 3.86 (each 3H, s, OCH_3-9, 10), 2.44 (3H, s, NCH_3-6); ^{13}C NMR ($CDCl_3$, 100 MHz): δ 146.4 (C-1), 116.4 (C-1a), 126.3 (C-1b), 141.6 (C-2), 106.6 (C-3), 126.4 (C-3a), 29.0 (C-4), 54.4 (C-5), 62.2 (C-6a), 34.0 (C-7), 128.2 (C-7a), 111.1 (C-8), 147.5 (C-9), 148.0 (C-10), 110.3 (C-11), 123.4 (C-11a), 100.4 (OCH_2O), 55.6 (q, OCH_3-9), 55.9 (OCH_3-10), 43.8 (NCH_3-6)。

五、注意事项

(1) 地不容药材品种较多,本实验所用药材为千金藤属地不容,特别注意不能误用葫芦科雪胆属植物雪胆。齿叶地不容和河谷地不容等荷包牡丹碱含量不高,不能用于本实验。

(2) 药材粉碎不能过细,一般过 24 目筛,或者粉碎成普通粗粉即可(购买药材时可直接要求粉碎),粉碎过细容易导致抽滤困难。

(3) 本实验采用甲醇超声提取主要是因为提取率高,杂质少。甲醇回流提取杂质过多,后续分离困难,而 0.5% 盐酸渗滤的提取率较低。

六、思考题

(1) TLC 显色是否可以选用硫酸乙醇溶液显色?两种显色方法有何差异?

(2) 洗脱剂中添加二乙胺有何作用?为什么第一次洗脱不加二乙胺,第二次洗脱要加入二乙胺?

(3) 除了核磁共振,还有哪些方法可以对荷包牡丹碱进行表征?

荷包牡丹碱的核酸共振谱图:

参考文献:

第二部分

制剂工程实验

实验一 溶液型与胶体型液体制剂的制备

一、实验目的

(1) 掌握溶液型、胶体型液体制剂制备过程的各项基本操作，以及常用液体制剂配置仪器的正确使用方法。

(2) 熟悉溶液型、胶体型液体制剂配制的特点、质量检查。

(3) 了解液体制剂中常用附加剂的正确使用方法。

二、实验原理

溶液型液体制剂是药物以分子或离子状态分散在介质(溶剂)中的供内服或外用的真溶液。溶液的分散相小于1 nm，均匀澄明并能通过半透膜。常用溶剂为水、乙醇、丙二醇、甘油、脂肪油及混合溶剂等。属于溶液型液体制剂的有：溶液剂、芳香水剂、甘油剂、醑剂、糖浆剂等。溶液剂的制备方法主要有三种，即溶解法、稀释法和化学反应法，三种方法在一定场合下可灵活使用，但多用溶解法。配位助溶是增加难溶性药物在水中溶解度的有效手段之一。如利用碘化钾形成配位化合物，制得浓度较高的碘制剂。有机药物常用的配位助溶剂是有机酸及其羟基衍生物生成的酸或盐，亦可以是酰胺类。

胶体型液体制剂是指某些固体药物以1~100 nm大小的质点分散于适当分散介质中的制剂，胶体型液体制剂所用的分散介质大多为水，少数为非水溶剂，如乙醇、丙酮等。胶体溶液配制过程中基本上与溶液型液体制剂类同，唯其将药物溶解时，宜采用分次撒布在水面上或药物黏附于已湿润的器壁上，使之迅速地自然膨胀而胶溶，如本实验中的胃蛋白酶合剂。

液体制剂制备的基本操作要点：

(1) 药物的称量或量取：固体药物以克为单位，通常用天平称量。液体药物常以毫升为单位，通常用量筒、量杯进行量取。以液滴计数的药物要用标准滴管，且需预先进行测定，标准滴管在20℃时1 mL蒸馏水为20滴，其质量误差在0.90~1.10 g。药物称量次序通常按处方记载顺序进行并查对。麻醉药、毒性药物、精神类药物应最后称量，且需有专人核对，并登记用量。

(2) 溶解：药物加入的次序，一般复溶剂、助溶剂、稳定剂等附加剂应先加入；固体药物中难溶性的应先加入溶解；易溶药物、液体药物及挥发性药物后加入。酊剂，特别是含树脂性的药物加到水性混合液中时，速度宜慢，且需随加随搅，以防止药物快速析出。为了加速溶解，可将药物研细，以处方溶剂的1/2~3/4量来溶解，必要时可搅拌或加热，但受热不稳定的药物及遇热反而难溶解的药物则不应加热。固体药物原则上应另用容器溶解，以便必要时加以过滤（有异物混入或者为了避免溶液间发生配伍变化者），并加溶剂至定量。胶体溶液处方中遇有电解质时，需制成保护胶体防止凝聚、沉淀，遇有浓醇、糖浆、甘油等具有脱水作用的液体时，需用溶剂稀释后加入。如需过滤时，所选用滤材应与胶体溶液荷电性相适应，最好采用不带电荷滤器，以免凝聚。

(3) 过滤：液体制剂制备过程一般都需要经过过滤。可以用布氏漏斗、玻璃漏斗、垂熔玻璃漏斗、砂芯等。滤材有脱脂棉、滤纸、纱布、绢布等。过滤后应通过滤纸补加溶媒至规定体积。

(4) 分装：配制的溶液应按规定量分装于适当容器内，常用容器有玻璃瓶、塑料瓶等投药瓶，其体积有30 mL、60 mL、100 mL、200 mL、500 mL等。内服分剂量液体制剂应分装于带刻度的药瓶中。投药瓶应按规定程序洗净，必要时灭菌。

(5) 贴标签：内服药用白底蓝字或黑字标签，外用药用白底红字标签。

(6) 质量检查：对外观、含量进行质量检查。

三、实验内容

(一) 50%硫酸镁溶液

1. 处方

硫酸镁	50 g
蒸馏水	加至100 mL

2. 操作

取硫酸镁加适量温热蒸馏水使其溶解，过滤，加蒸馏水至全量，搅匀即得。

3. 注解

(1) 本品内服为泻药，外用湿敷患处，可以起到消除局部水肿的作用。

(2) 本实验所指的硫酸镁是含七个结晶水的硫酸镁，投料时无需折算结合水。其在水中溶解度为1∶1，所以本品为饱和溶液。采用温水配制可加快溶解速度。

(3) 本品可加入1%（质量浓度）枸橼酸为矫味剂。

(二) 薄荷水

1. 处方

成分	Ⅰ(分散法)	Ⅱ(分散法)	Ⅲ(增溶法)	Ⅳ(增溶－复溶法)
薄荷油	0.2 mL	0.2 mL	0.2 mL	0.2 mL
滑石粉	1.5 g			

续表

成分	Ⅰ(分散法)	Ⅱ(分散法)	Ⅲ(增溶法)	Ⅳ(增溶－复溶法)
活性炭		1.5 g		
吐温 -80			1.2 g	2 g
90% 乙醇溶液				90% 乙醇溶液
蒸馏水加至	100.0 mL	100.0 mL	100.0 mL	100.0 mL

2. 操作

处方Ⅰ用分散法：取薄荷油，加滑石粉，在研钵中研匀，移至细口瓶中，加入蒸馏水，加盖，振荡 10 min 后，反复过滤至滤液澄明，再由滤器上加适量蒸馏水至 100 mL，即得。处方Ⅱ亦采用分散法，用活性炭代替滑石粉，按处方Ⅰ方法制备薄荷水。记录不同分散剂制备薄荷水所观察到的结果。

处方Ⅲ用增溶法：取薄荷油，加吐温 -80 搅匀，加入蒸馏水充分搅拌溶解，过滤至滤液澄明，再由滤器上加适量蒸馏水至 100 mL，即得。

处方Ⅳ用增溶－复溶法：取薄荷油，加吐温 -80 搅匀，在搅拌下，缓慢加入乙醇溶液(90%)及蒸馏水适量溶解，过滤至滤液澄明，再由滤器上加适量蒸馏水至 100 mL，即得。

3. 注解

(1) 本品为薄荷油的饱和水溶液(体积分数约 0.05%)，处方量为溶解量的 4 倍，配制时不能完全溶解。

(2) 滑石粉等分散剂，应与薄荷油充分研匀，以利发挥其作用，加速溶解过程。

(3) 吐温 -80 为增溶剂，应先与薄荷油充分搅匀，再加水溶解，以利发挥增溶作用，加速溶解过程。

(三) 复方碘溶液

1. 处方

碘	1 g
碘化钾	2 g
蒸馏水	加至 20 mL

2. 操作

取全量碘化钾，分别加蒸馏水 4 mL、8 mL、12 mL、16 mL，配成四种浓度的浓溶液，之后分别加碘溶解，观察溶解速度，最后添加适量的蒸馏水至 20 mL，即得。

3. 注解

(1) 碘在水中溶解度小，加入碘化钾作助溶剂。

(2) 为使碘能迅速溶解，宜先将碘化钾加适量蒸馏水配制成浓溶液，然后加入碘溶解。

(3) 碘有腐蚀性，慎勿接触皮肤与黏膜。

(四) 复方硼酸钠溶液

1. 处方

硼砂(四硼酸钠)	0.75 g
碳酸氢钠	0.75 g

甘油　　1.75 mL
蒸馏水　　加至 50.0 mL

2. 操作

取硼砂溶于约 25 mL 热蒸馏水中，放冷后加入碳酸氢钠使之溶解。另取甘油加入硼砂、碳酸氢钠溶液中，随加随搅拌，待气泡停止后，过滤，加适量蒸馏水至 50.0 mL，即得。

3. 注解

(1) 硼砂易溶于热蒸馏水，但碳酸氢钠在 50℃以上的水中易分解，故先用热蒸馏水溶解硼砂，放冷后再加入碳酸氢钠。

(2) 本品中含有由硼砂、甘油及碳酸氢钠经化学反应生成的甘油硼酸钠具有杀菌作用，其化学反应如下：

$$Na_2B_4O_7 \cdot 10H_2O + 4C_3H_3(OH)_3 \longrightarrow 2C_3H_5(OH)NaBO_3 + 2C_3H_5(OH)HBO_3 + 13H_2O$$

$$C_3H_5(OH)HBO_3 + NaHCO_3 \longrightarrow C_3H_5(OH)NaBO_3 + CO_2 + H_2O$$

(3) 如将甘油加入硼酸与碳酸氢钠的混合溶液中，能使之均匀分布于溶液中。碳酸氢钠使溶液呈碱性，能中和口中的酸性物质，故亦具有清洁黏膜的作用，常用水稀释五倍后作含漱剂。

(4) 本品常用伊红着红色，以示外用，不可内服。

(五) 复方薄荷脑滴鼻剂

1. 处方

薄荷脑　　0.2 g
樟脑　　0.2 g
液体石蜡　　加至 20.0 mL

2. 操作

(1) Ⅰ法：将薄荷脑、樟脑分别研细，溶于部分液体石蜡中，再加液体石蜡至足量，即得。

(2) Ⅱ法：将薄荷脑与樟脑于干燥研钵中研磨共熔，再逐渐加液体石蜡至足量，即得。

3. 注解

本品为非水溶液，所用容器均需干燥。

(六) 胃蛋白酶合剂

1. 处方

胃蛋白酶　　1.20 g
稀盐酸　　1.20 mL
甘油　　12.0 mL
蒸馏水　　60.0 mL

2. 操作

(Ⅰ)法：取稀盐酸与处方量约 2/3 的蒸馏水混合后，将胃蛋白酶撒在液面使膨胀溶解，必要时轻加搅拌，加甘油混匀，并加适量水至足量，即得。

(Ⅱ)法：取胃蛋白酶加稀盐酸研磨，加蒸馏水溶解后加入甘油，再加水至足量混匀，即得。

3. 注解

(1) 胃蛋白酶应冷藏保存，极易吸潮，称取操作宜迅速，胃蛋白酶的消化力一般为 1∶3 000 的，若用其他规格则用量应按规定折算。

(2) 强力搅拌，以及用棉花、滤纸过滤等行为，对其活力和稳定性均有影响，故宜注意操作，其活力通过实验，可作比较。

4. 质量检测与评定

比较两种制备工艺得到的合剂的质量，可依靠活力实验考察。

活力实验：精密吸取本品 0.1 mL，置试管中，另用吸管加入牛乳醋酸钠混合溶液 5 mL，从开始加入时计起，迅速加毕，混匀，将试管倾斜，注视沿管壁流下的牛乳液，至开始出现乳酪蛋白的絮状沉淀为止，计时，记录凝固牛乳所需的时间，以上实验在 25℃进行效果较好。

醋酸钠缓冲溶液配制：取冰醋酸 46 g 和氢氧化钠 21.5 g，分别溶于适量蒸馏水中，将两溶液混合，并加蒸馏水稀释成 500 mL，此溶液的 pH 为 5。牛乳醋酸钠混合溶液配制：取等体积的醋酸钠缓冲溶液和牛奶混合均匀即得。此混合溶液在室温密闭贮存，可保存 2 周。

计算：胃蛋白酶活力愈强，凝固牛乳愈快，即凝固牛乳液所需时间愈短，故规定凡胃蛋白酶能使牛乳液在 60 s 末凝固时的活力强度为 1 个活力单位。为此 20 s 未凝固的则为 60/20，即 3 个活力单位，最后换算到每 1 mL 供试液的活力单位。

四、实验结果和讨论

薄荷水 实验比较三种处方不同方法制备的异同记录于下表中，并说明各自特点与其适用性。

处方	澄清度	嗅味
Ⅰ滑石粉		
Ⅱ活性炭		
Ⅲ吐温 -80		
Ⅳ吐温 -80 与 90% 乙醇		

复方碘溶液 描述成品外观性状，观察碘化钾溶解的水量与加入碘的溶解速度间的关系。

复方硼酸钠溶液 描述成品外观性状，指明主药的名称。

复方薄荷脑滴鼻剂 描述成品外观性状，比较Ⅰ、Ⅱ法各自的特点。

胃蛋白酶合剂 描述Ⅰ、Ⅱ法制的成品外观性状，计算两种成品的活力单位。

五、思考题

(1) 举例说明药剂学中正确操作与制剂质量的关系。

(2) 制备薄荷水时加入滑石粉、活性炭的作用是什么？还可以选用哪些具体类似作用的物质？欲制得澄明液体的操作关键为何？

(3) 薄荷水中加入聚山梨酸 -80 的增溶效果与其用量（临界胶团浓度）有关，临界胶团浓度可用哪些方法测定？

(4) 复方薄荷脑滴鼻剂若出现混浊的外观，试说明其原因。

(5) 简述影响胃蛋白酶活力的因素及预防措施。

六、实验结果参考

1. 几种液体的标准滴数(20℃)

液体	纯化水	乙醇	盐酸	稀盐酸	氯仿	甘油	蓖麻油	薄荷油
1 mL 滴数	20	51	27	20	78	27	40	46
1 g 滴数	20	64	21	21	58	22	36	53

2. 复方碘溶液样品(如图 1 所示)

图 1　溶液剂

实验二　乳剂的制备与评价

一、实验目的

(1) 掌握乳剂的几种常见制备方法。
(2) 熟悉乳剂类型的鉴别方法并了解乳剂转型的条件。
(3) 熟悉离心分光光度法在评价乳剂物理稳定性中的应用。
(4) 了解乳化剂种类及乳化方法对乳滴大小的影响。

二、实验原理

乳剂是两种互不混溶的液体(通常为水或油)组成的非均相分散体系(图2)。制备时加乳化剂,通过外力做功,使其中一种液体以小液滴形式分散在另一种液体中形成的液体制剂。

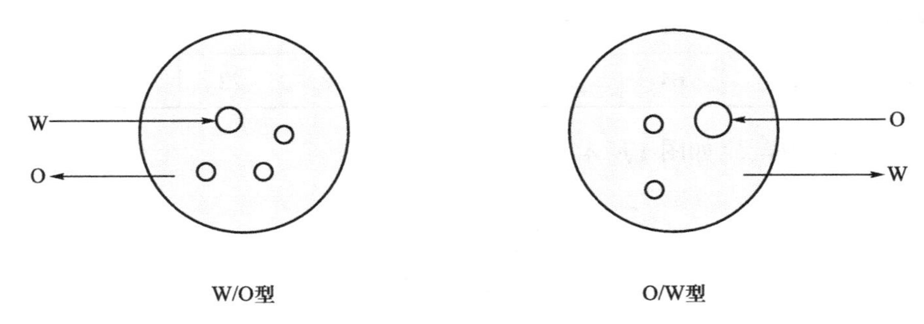

图2 乳剂

乳剂的稳定性常常通过测定离心前后乳剂下层的乳滴粒子的浓度变化来进行评价,稳定性参数(K_E)计算如下:

$$K_E = [(A_0 - A_t)/A_0] \times 100\%$$

式中:K_E 为稳定性参数;A_0 为离心前乳剂稀释液中一定波长下的吸光度;A_t 为离心 t 时间后乳剂稀释液在相应波长下的吸光度。

三、实验内容

(一) 手工法制备乳剂

1. 阿拉伯胶为乳化剂

1) 处方

豆油(ρ=0.91 g/mL)	10 mL
阿拉伯胶(细粉)	2.5 g
蒸馏水	适量
共制成	50 mL

2) 操作

(1) 取处方量豆油置干燥研钵中,加处方量阿拉伯胶粉研磨均匀。按 V(油)∶V(水)∶V(胶)= 4∶3∶1 的比例,首次加入蒸馏水 7.5 mL,迅速向一个方向研磨,直至体系颜色变白,并产生"噼啪"的乳化声,即成初乳。

(2) 用蒸馏水将初乳分次转移至带刻度的烧杯或量杯中,加水至 50 mL,搅匀即得。

3) 借助显微镜测定乳滴的直径

显微镜目镜上带有标尺,一般在 100 倍方法倍率下最小分度值为 10 μm,可据此粗略测定乳滴粒子的大小。

4）注意事项

（1）制备初乳时所用研钵必须是干燥的，研磨时需用力均匀，向一个方向不停地研磨，直至初乳形成，关键是用力均匀且中途不停歇。

（2）研钵最好选用表面粗糙的。

（3）镜检时要注意标度，并分清乳滴和气泡。

2. 聚山梨酯 -80 为乳化剂

1）处方

豆油（ρ=0.91 g/mL）	6 mL
聚山梨酯 -80	3 mL
蒸馏水	适量
共制成	50 mL

2）操作

（1）取聚山梨酯 -80 与豆油置研钵中，研磨均匀，加入 4 mL 蒸馏水研磨，形成初乳。

（2）用蒸馏水将初乳分次转移至带刻度的烧杯中，加水至 50 mL，搅匀即得。

（3）镜检、记录最大和最多乳滴的直径。

3. 石灰乳搽剂

1）处方

植物油	10 mL
石灰水	10 mL

2）操作

量取植物油及石灰水各 10 mL，置同一试管中，用力振摇至乳剂生成。

（二）机械分散法制备乳剂

聚山梨酯 -80 为乳化剂。

1. 处方

豆油（ρ=0.91 g/mL）	12 mL
聚山梨酯 -80	6 mL
蒸馏水	适量
共制成	100 mL

2. 操作

（1）取聚山梨酯 -80，加适量蒸馏水搅匀，加至组织捣碎机中，再加入豆油及余下的蒸馏水以 8 000~12 000 r/min 速度分散 2 min，即得。

（2）镜检：记录最大和最多乳滴的直径。

（3）将制得的乳剂置高压乳匀机中，在 136~181 MPa 压力下，乳化 3 次，即得。

（4）镜检：记录最大和最多乳滴的直径。

（三）乳剂稳定性参数的测定

分别取手工法制备的乳剂样品 1 与样品 2 离心，用胶头滴管从离心管底部取样（取样时尽量不要扰动管内液体）后滴入小烧杯适量，取 50 μL 于 25 mL 容量瓶中加水稀释至刻度，混匀。以水为空白参比在 550 nm 波长下，测定其吸光度（A_t）。同法，分别取 50 μL 未离心乳剂样品，稀释、定容，在同一波长下测定吸光度（A_0），之后分别计算两种乳剂的稳定

性参数 K_E。

（四）乳剂类型鉴别及转型实验

1. 类型鉴别

（1）稀释法：取乳剂少许，加水稀释，如能用水均匀稀释的则为 O/W 型，否则为 W/O 型。

（2）染色法：将乳剂样品涂在载玻片上，用油溶性染料苏丹 –III 及水溶性染料亚甲蓝各染色一次，在显微镜下观察，苏丹 –III 均匀分散的乳剂则为 W/O 型，亚甲蓝均匀分散的为 O/W 型。

记录所制备乳剂的类型。

2. 转相实验

取含有 20% 油酸的植物油 3 mL 置小烧杯中，滴加 0.1 mol/L 的 NaOH 溶液约 10 mL，边加边振摇，制成 O/W 型乳剂。取该乳剂半量，边振摇边滴加 0.05 mol/L $CaCl_2$ 溶液（约加入 5 mL 时）即形成 W/O 型乳剂。可用稀释法或染色法对乳剂类型进行鉴定。

四、思考题

（1）简述干胶法和湿胶法的制备初乳操作要点，本实验中的各个处方分别属于什么方法？

（2）石灰搽剂的制备原理是什么？属何种类型的乳剂？

（3）影响乳剂稳定性的因素有哪些？

（4）乳剂转型的原因是什么？

五、实验结果参考

手工制备得到的初乳，注意制备过程中体系颜色由相对透明变为均一混浊。其黏度会逐渐增加，并且在初乳形成时会有“噼啪”声。形成的初乳状态可以参看图 3。

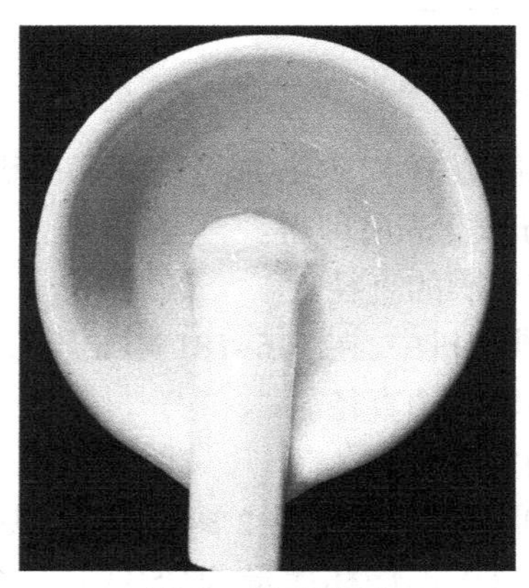

图 3　手工乳剂

实验三　混悬剂的制备及稳定剂的选择

一、实验目的

(1) 掌握混悬剂的一般制备方法。

(2) 掌握沉降容积比的概念及其测定方法。

(3) 熟悉根据药物的性质选用适宜的稳定剂以制备稳定混悬剂的方法。

二、实验原理

混悬剂是指难溶性固体药物以微粒(一般认为粒径 >0.5μm)形式分散在液体分散介质中形成的分散体系。一个优良的混悬剂应具有下列特征:其药物微粒细小,粒径分布范围窄,在液体分散介质中能均匀分散,微粒沉降速度慢,沉降微粒不结块,沉降物再分散性好。

混悬剂的沉降速度与多种因素有关,可用 Stokes 定律表示:

$$v=\frac{2r^2\ (\rho_1-\rho_2)\ g}{9\eta}$$

式中:v 为沉降速度;r 为微粒半径;ρ_1 为微粒密度;ρ_2 为介质密度;η 为混悬剂的黏度;g 为重力加速度。根据 Stokes 定律可知,要制备沉降缓慢的混悬液,可考虑减小微粒半径(r),减小微粒与液体介质密度差($\rho_1-\rho_2$),或增加介质黏度(η)。因此制备混悬型液体制剂,应将药物研细,并加入助悬剂如天然胶类、合成的天然纤维素类、糖浆等,以增加黏度。也可以增加分散介质的密度,从多方面降低沉降速度。

混悬剂中微粒粒径小、分散度大,因而有较大的表面自由能,体系处于不稳定状态,有聚集的趋向。从表面自由能公式 $\Delta F=\sigma SL\cdot\Delta A$ 可知,ΔF 为微粒总的表面自由能的改变值,决定于固液间界面张力 σSL 和微粒总表面积的改变值 ΔA。因此在混悬型液体制剂中可加入表面活性剂降低 σSL,降低微粒表面自由能,使体系稳定。表面活性剂还可以作为润湿剂,有效地使疏水性药物被水润湿,从而克服微粒由于吸附空气而漂浮的现象(如硫黄粉末分散在水中时),也可以加入适量的絮凝剂(与微粒表面所带电荷相反的电解质),使微粒 ξ 电位降低到一定程度,则微粒发生部分絮凝,随之微粒的总表面积 ΔA 减小,表面自由能 ΔF 下降,混悬剂相对稳定,且絮凝所形成的网状疏松的聚集体使沉降体积变大,振摇时易再分散。有的产品为了增加混悬剂的流动性,可以加入适量的与微粒表面电荷相同的电解质(反絮凝剂),使 ξ 电位增大,由于同性电荷相斥而减少了微粒的聚结,使沉降体积变小,混悬剂流动性增加,易于倾倒,易于分布。

混悬型液体制剂一般配制方法有分散法与凝聚法。

分散法:将固体药物粉碎成微粒,再根据主药的性质混悬于分散介质中并加入适量的稳定剂。亲水性药物可先干磨至一定的细度,加蒸馏水或高分子溶液;水性溶液加液研磨时通常药物 1 份,加 0.4~0.6 份液体分散介质为宜;遇水膨胀的药物配制时不采用加液研磨;疏水性药物可加润湿剂或高分子溶液研磨，使药物颗粒润湿，在颗粒表面形成带电荷的吸附膜，最后加水性分散介质稀释至足量，混匀即得。

凝聚法：将离子或分子状态的药物借物理或化学方法在分散介质中聚集成新相。化学凝聚法是两种或两种以上的药物分别制成稀溶液，混合并急速搅拌，使产生化学反应，制成混悬型液体制剂；也可以改变溶剂种类或浓度来制备混悬型制剂。溶剂改变时一般需要慢加快搅，以使析出的沉淀较细。如配制合剂时，常将酊剂、醑剂缓缓加到水中并快速搅拌，使制成的混悬剂细腻，微粒沉降缓慢。

混悬剂的成品包装后，在标签上注明“用时摇匀”。为安全起见，剧、毒药不应制成混悬剂。

三、实验内容

（一）药物亲水与疏水性质的观察

取试管加少量蒸馏水，分别加入少许氧化锌、硫酸钡、硫黄、炉甘石、樟脑等粉末，观察与水接触的现象，分辨哪些是亲水的，哪些是疏水的，记录于报告中。

（二）亲水性药物混悬剂（氧化锌混悬剂）的制备及沉降容积比的测定

1. 处方

处方号	1	2	3	4
m(氧化锌)/g	0.5	0.5	0.5	0.5
V(50% 甘油水溶液)/mL	—	6.0	—	—
m(甲基纤维素)/g	—	—	0. 1	—
m(西黄蓍胶)/g	—	—	—	0.1
V(蒸馏水加至)/mL	10	10	10	10

2. 操作

(1) 处方 1，称取氧化锌细粉（过 120 目筛），置研钵中，加适量水研磨成糊状，加蒸馏水稀释至 10 mL，塞住管口，同时振摇均匀。

(2) 处方 2，向氧化锌细粉中加入 6 mL 的 50% 甘油水溶液，在研钵中加水研磨成糊状。剩余操作同上。

(3) 处方 3，称取甲基纤维素 0.1 g，加适量温水，溶解成胶浆。再加入氧化锌细粉，加水研磨成糊状。剩余操作同上。

(4) 处方 4，称取西黄蓍胶 0.1 g，加乙醇数滴润湿均匀，加蒸馏水于研钵中，研成胶浆。再加入氧化锌细粉，加水研磨成糊状。剩余操作同上。

(5) 将上述 4 个装混悬液的试管，塞住管口，同时用相同力度振摇相同次数（或时间）后放置，分别记录 0、5 min、10 min、30 min、60 min、90 min、120 min 时沉降物的高度 H（单位：mL），计算沉降容积比，结果填入表 1。之后，根据数据，以 H/H_0（沉降容积比）为纵坐标，时间为横坐标，绘制各处方沉降曲线，比较几种助悬剂的助悬能力。

3. 注意事项

(1) 各处方配制时注意同法操作，与第一次加液量及研磨力度尽可能一致。

(2) 比较管用刻度试管或量筒，尽可能大小粗细一致，记录高度用“mL”。

表 1　沉降容积比与时间的关系

时间 / min	处方号							
	1		2		3		4	
	H/mL	H/H_0	H/mL	H/H_0	H/mL	H/H_0	H/mL	H/H_0
5								
10								
30								
60								
90								
120								

(三) 絮凝剂对混悬剂再分散性的影响

1. 处方

(1) 碱式硝酸铋　　1.0 g
　　蒸馏水　　适量
　　共制成　　10 mL

(2) 碱式硝酸铋　　1.0 g
　　1% 枸橼酸钠溶液　　1.0 mL
　　蒸馏水　　适量
　　共制成　　10 mL

2. 操作

(1) 取碱式硝酸铋 2.0 g 置研钵中，加 0.5 mL 蒸馏水研磨，加蒸馏水分次转移至 10 mL 试管中，摇匀，分成两等份，一份加水至 10 mL，另一份蒸馏水至 9 mL，再加 1% 枸橼酸钠溶液 1.0 mL。两试管振摇后放置 2 h。

(2) 首先观察试管中沉降物的状态，然后再将试管上下翻转，记录混悬剂完全恢复均匀所需要的翻转次数与现象。

3. 注意事项

用上下翻转试管的方式振摇沉降物，两管力度和速度要尽量一致，用力不要过大，切勿横向用力振摇。

(四) 疏水性药物混悬剂(复方硫黄洗剂)的制备及处方优化

1. 根据处方主药性质选择稳定剂。

(1) 表面活性剂等润湿剂对疏水性药物硫黄混悬剂的作用。

称取硫黄置研钵中，按表 2 分别加入① 蒸馏水② 甘油与乙醇③ 软肥皂与少量蒸馏水④ 聚山梨酯 -80 与少量蒸馏水⑤ 羧甲基纤维素钠与少量蒸馏水研磨，再各自缓缓加入蒸馏水，边加边研，直至全量。分别倒入试管中，振摇，放置，观察现象，比较各稳定剂的作用。

表2 处 方 表

处方号	1	2	3	4	5
m(硫黄)/g	1	1	1	1	1
V(95% 乙醇)/mL	—	10.0	—	—	—
m(甘油)/g	—	5.0	—	—	—
m(软肥皂)/g	—	—	0.1	—	—
m(聚山梨酯 -80)/g	—	—	—	0.15	—
m(羧甲基纤维素钠)/g	—	—	—	—	0.15
V(蒸馏水加至)/mL	50.0	50.0	50.0	50.0	50.0

(2) 根据上述实验结果选择最合适的稳定剂。

2. 制备工艺设计

升华硫	3.0 g
硫酸锌	3.0 g
樟脑醑	25.0 mL
甘油	10.0 mL
蒸馏水	加至 100.0 mL

在上述处方中加入所选择的稳定剂，然后自己拟定配制方法，制成稳定的复方硫黄洗剂。

3. 注意事项

(1) 用同样操作配制，观察疏水性药物中加入润湿剂的作用。

(2) 注意软肥皂与硫酸锌可生成不溶性的锌皂，故在复方硫黄洗剂中不能选用软肥皂作稳定剂。

(3) 樟脑醑为樟脑的乙醇溶液，应以细流缓缓加入，并急速搅拌，使樟脑不致析出大颗粒。

四、实验结果和讨论

(一) 记录亲水性药物与疏水性药物的实验结果

1. 亲水性药物

2. 疏水性药物

(二) 氧化锌混悬剂的制备

1. 比较不同稳定剂的作用，将实验结果填于表 2 中。

2. 根据表 2 数据，以 H/H_0 沉降体积比 F 为纵坐标，时间为横坐标，绘出氧化锌混悬剂各处方的沉降曲线，得出结论。

（三）记录硫黄洗剂各处方样品质量情况，讨论不同稳定剂的作用。

制定复方硫黄洗剂的制备工艺，并选择稳定剂，制成稳定的复方硫黄洗剂，记录最终处方及制备流程（见图 4）。

图 4　悬浮剂

五、思考题

（1）解释氧化锌混悬剂与硫黄洗剂在处方及工艺上的差异的原因。

（2）以硫黄洗剂为例，讨论分散法与凝聚法制备的混悬剂在质量上和稳定性上有何差异。

（3）请从微观层面解释为何樟脑醑制备过程中，需要慢加乙醇并急速搅拌，以保证得到细小的樟脑颗粒。

（4）请查阅文献了解"奥斯瓦尔多熟化"现象，并阐述在混悬剂的处方设计过程中应当如何应对该现象。

实验四　粉末流动性的考察和胶囊的制备

一、实验目的

（1）掌握通过休止角测定的方法考察粉末的流动性。

(2) 掌握胶囊的制备过程及手工填充硬胶囊的方法。

(3) 熟悉胶囊的装量差异检查。

(4) 了解胶囊的处方设计方法及原理。

二、实验原理

胶囊是指药物本身或加有辅料后充填于空心胶囊或密封于软质囊材中制成的固体制剂。空胶囊的主要材料为明胶,也可用甲基纤维素、海藻酸盐类、聚乙烯醇、变性明胶及其他高分子化合物,以改变胶囊的溶解性或达到肠溶、缓释等目的。根据胶囊的硬度与释放特性,胶囊可分为硬胶囊与软胶囊、肠溶胶囊和缓释胶囊。

胶囊的制备需要内容物具有良好的流动性,以便于饲粉均匀,减小胶囊的装量差异。流动性可用休止角表示,本实验采用固定底槽法测定休止角。即设计三种不同的处方粉末在底槽上形成锥体,测定锥体的高度和半径以计算休止角。选择休止角最小(即流动性最好)的粉末进行胶囊的制备。

三、实验内容

(一) 三种胶囊粉末处方设计

处方 1:

磺胺嘧啶(粉末)	80 g
二氧化硅	2.0 g(助流剂 2%)
可压性淀粉	18 g

处方 2:

磺胺嘧啶(粉末)	80 g
硬脂酸镁	2.0 g(助流剂 2%)
可压性淀粉	18 g

处方 3:

磺胺嘧啶(粉末)	80 g
硬脂酸镁	4.0 g(助流剂 4%)
可压性淀粉	16 g

三个处方均分别依次按以下操作:

以处方 1 为例,按处方量称取磺胺嘧啶、二氧化硅和可压性淀粉分别用 5 号筛在不锈钢盘中过筛三次。采用倍半稀释法,首先将二氧化硅和可压性淀粉混合均匀,再与磺胺嘧啶混合均匀。注意每次混合均需过 5 号筛以保证混合均匀。处方 2 和处方 3 也依次按上述方法操作,制得混匀粉末放在烧杯中备用。

(二) 休止角测定

本实验采用固定底槽法,采用培养皿作为底槽,测定培养皿的半径(R)。将两只玻璃漏斗上下交错重叠,下漏斗出口正对培养皿中心,与底槽(培养皿上缘)距离为 3.5~6.0 cm(可根据实验进行情况适当调整)。分别取三种不同内容物粉末从上部漏斗慢慢加入,通过两只漏斗的缓冲逐渐堆积在底槽上形成锥体，测得锥体的高度(H)，测量装置如图5所示。

图5　休止角的测定

每种样品要重复三次，取平均值，按下式计算休止角：

$$\text{arctg}\,\frac{\overline{H}}{R}=\alpha\,(\text{休止角})$$

休止角是粉体、颗粒型物料的关键质量参数。休止角越小说明物料流动性越好，利于胶囊的机械或手工填充。

(三）胶囊的制备

1. 空胶囊和胶囊板准备

空胶囊分上、下两节，分别称为囊帽与囊体。根据大小，常分为000号、00号、0号、1号、2号、3号、4号、5号八种规格，其中000号最大，5号最小。本实验采用较为常用的1号胶囊。胶囊充填板也需采用对应的1号胶囊板。

2. 充填空胶囊

选取步骤2中所测流动性最佳的处方粉末进行胶囊填充，采用胶囊充填板充填药物，通过抖动胶囊充填板和使用刮板尽量使胶囊装满。充填过程中分别从胶囊填充板四个角和正中各取1粒胶囊称量，装量差异符合标准后即可盖帽，完成胶囊填充。充填好的胶囊用洁净的纱布包起，轻轻搓滚，使胶囊抛光。

3. 装量差异检查

胶囊的装量差异检查方法：取供试品20粒，分别精密称定质量后，除去胶囊壳质量(称取20粒空胶囊质量，计算平均值)，即为装量。计算胶囊平均质量，并计算每粒胶囊与平均值的差值，按规定，超出装量差异限度的不得多于2粒，并不得有1粒超出限度1倍。测定所填充胶囊的装量是否合格。

胶囊装量差异限度

平均装量	装量差异限度
0.3 g 以下	± 10%
0.3 g 及 0.3 g 以上	± 7.5%

四、思考题

(1) 胶囊的主要特点有哪些?

(2) 填充胶囊时应注意的操作关键有哪些?

(3) 如果一个流动性较差的药物粉末计划制备为胶囊,除了添加助流剂外,还有何方法? 请写出两种方法。

(4) 除了装量差异外,胶囊的质量控制还包括哪些方面?

五、实验结果参考

使用手工胶囊填充板填充胶囊时,需要检查胶囊的帽和体是否锁合到位,锁合过程中是否产生擦甹。制备得到的胶囊外观整洁,不得有黏结、变形、渗漏或囊壳破裂等,如图 6 所示。手工填充胶囊容易导致装量差异超限,需要注意填充时的手法。

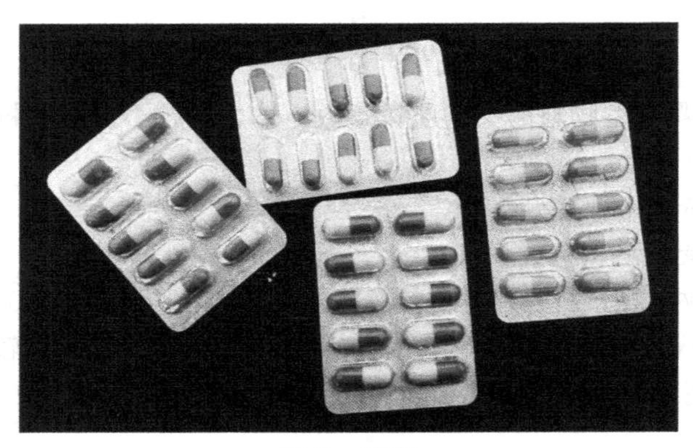

图 6 胶囊

实验五 对乙酰氨基酚颗粒剂的制备

一、实验目的

(1) 掌握颗粒剂的一般制备工艺和操作要点。

(2) 熟悉颗粒剂初步质量评价方法。

二、实验原理

颗粒剂是将药物与适宜的辅料配合而制成的具有一定粒度的干燥的颗粒状制剂。颗粒剂一般冲入水中饮入,应用和携带比较方便。颗粒剂一般分为可溶颗粒剂、混悬型颗粒剂、泡腾颗粒剂、肠溶颗粒剂、缓释颗粒剂和控释颗粒剂。颗粒剂除广泛应用于化学药物外,在中药 / 植物药的单方和复方制剂中也得到非常广泛的使用。如全球汉方制药的领先企业——津村制药,其主要产品均为中药颗粒剂;以及国内刚刚兴起的中药配方颗粒等。

颗粒剂的常用辅料有稀释剂、黏合剂,有时也需加入崩解剂,在制备过程中常常还需要加入水、乙醇等液体作为润湿剂。其中常用的稀释剂有淀粉、蔗糖、糊精、乳糖等。常用黏合剂有淀粉浆、各种纤维素衍生物等。在很多情况下,往往一种辅料会扮演多种角色,例如,淀粉和蔗糖既作为稀释剂,在有水或乙醇作为润湿剂的情况下,又可以润湿后起到黏合剂的作用。对于一些黏性较大的植物提取物制备的颗粒剂,为了帮助颗粒剂溶解,还会在处方中加入一定量的崩解剂。对于肠溶颗粒、缓控释颗粒等剂型,则一般通过对颗粒进行包衣,或是用具有 pH 敏感性的材料 / 难溶材料来制备颗粒而实现。颗粒剂的一般制备如下:将主药与辅料分别粉碎到一定粒度,混合后加入润湿剂、黏合剂等制备软材,之后过筛制粒,干燥,分装即得。

对乙酰氨基酚,又名扑热息痛,是乙酰苯胺类解热镇痛药,为白色结晶或结晶性粉末,无臭,味微苦。主要用于感冒发热、关节痛、神经痛及偏头痛、癌性痛及手术后止痛。本药物口服易吸收并迅速在血中达到有效浓度,并且胃肠刺激性不大,因此适合制备为颗粒剂。并且热水冲服的方式也是很多解热镇痛药患者喜欢的给药方式。对乙酰氨基酚上市剂型主要有普通片、分散片、缓释片、胶囊、颗粒剂、混悬剂、滴剂等。就颗粒剂而言,又分为常规颗粒剂和泡腾颗粒剂。根据生产厂家不同,常规颗粒剂所用辅料有蔗糖,或蔗糖与糊精的混合物;泡腾颗粒剂所用辅料主要为柠檬酸、碳酸氢钠和蔗糖。此外,也有使用聚丙烯酸树脂作为辅料制备的颗粒,主要目的是掩盖药物苦味。对乙酰氨基酚颗粒剂的规格主要有 0.1 g/ 袋、0.25 g/ 袋等。

本实验中,以蔗糖和糊精为辅料,制备对乙酰氨基酚颗粒剂并分装,每袋内容物为 2.0 g,其中含有对乙酰氨基酚 0.1 g。

三、实验内容

(一) 对乙酰氨基酚颗粒剂的制备

1. 处方

对乙酰氨基酚	5 g
蔗糖	75 g
糊精	20 g
制成颗粒剂	50 袋

2. 操作

(1) 将原料药、蔗糖、糊精用研钵研细。

(2) 将研成细粉的原料药、蔗糖、糊精混合均匀,并加入适量 30% 乙醇溶液作为润湿剂,捏制软材。

(3) 将制备好的软材通过16目筛网制颗粒。

(4) 将湿颗粒平整地铺在不锈钢盘上，放入50℃烘箱中干燥。

(5) 使用16目筛网对得到的干颗粒进行整粒。

(6) 采用热封口机将铝塑复合膜制备为小袋，向其中分装入规定质量(2.0 g/袋)的对乙酰氨基酚颗粒剂，再进行热封口。

(二) 对乙酰氨基酚的制剂学质量检查

(1) 外观形状检查：将颗粒剂平铺在白色纸上，于光线充足处观察是否有颜色不均匀、焦化的颗粒，以及异物。

(2) 粒度检查：采用双筛分法测定，不能通过1号筛(10目)和能通过5号筛(80目)的颗粒总和不超过15%。

(3) 装量差异检查：取供试品10袋，除去包装后精密称定内容物质量，求算出平均装量，每袋装量与平均装量比较，超出装量差异限度的不得多于2袋，并且不得有1袋超出装量差异限度的1倍。

平均装量或标示装量	装量差异限度
1.0 g及以下	±10%
1.0 g以上至1.5 g	±8%
1.5 g以上至6.0 g	±7%
6.0 g以上	±5%

(4) 溶化性：取供试品10 g，加热水200 mL，搅拌5 min，立即观察，应该全部溶化或轻微混浊。

四、注意事项

(1) 颗粒剂的辅料一般选用水溶性较好的，本实验中的蔗糖和糊精均溶于水，一般淀粉在水中溶解性较差，因此在颗粒剂中淀粉添加量较少或是直接不予选用。本颗粒剂中，选用蔗糖作为辅料的主要目的是掩盖药物的苦味，单独使用蔗糖也可以制得合格的颗粒剂。但从减少糖摄入的角度考虑，向处方中加入部分糊精进行替代。此外，蔗糖在制软材过程中遇湿，黏度较大且相对容易吸潮，所以加入一定量的糊精进行改善。实验者亦可以根据操作过程中的软材黏度和颗粒成型难易而对辅料比例进行调整。

(2) 润湿剂的作用是使得蔗糖、糊精、淀粉等辅料在潮湿情况下产生黏性，常用润湿剂为水或不同浓度的乙醇。润湿剂加入时需控制用量和混合的均匀度，以防止软材整体或局部黏度过大，这会导致软材在过筛时发生黏筛现象。如果使用一些含有较多黏性原料药(如含有较多多糖的中药浸膏或浸膏粉)或辅料制备颗粒剂，则为了防止软材黏性不至于过大，往往会采用较高浓度的乙醇作为润湿剂。本实验中，蔗糖在被水润湿时黏性过大，因此采用30%乙醇溶液作为润湿剂以获得适宜的黏性。

(3) 由于操作温度会影响物料的黏性和润湿剂的挥发速度，所以润湿剂用量和种类需要根据天气等实际情况灵活调整，调整的原则是保证软材在制粒时既不容易黏筛，也不会由于过分干燥而得到较多细粉。

(4) 由于对乙酰氨基酚在湿热情况下容易降解，且蔗糖可能融化，因此湿颗粒的烘干温度不宜过高，且软材捏合和制备湿颗粒的过程耗时不应该过长，以防药物降解。

(5) 根据需要，处方中还可以添加颜色添加剂、香精等。

(6) 铝塑复合膜热封机的温度需要和所用铝塑复合膜相一致，一般在200℃左右可获得较好效果。操作时需要注意机器的加热部件的位置，以防烫伤。

(7) 颗粒剂的溶化性检查中，一般分为可溶颗粒、泡腾颗粒和混悬型颗粒，从而设定不同的检查项。由于对乙酰氨基酚在水中难溶，因此属于混悬型颗粒，应该检查释放度和溶出度更为合理。

五、实验结果和讨论

对颗粒剂进行初步质量检测，记录结果并给出结论。

六、思考题

(1) 如果制得的颗粒中细粉过多，超过粒度检查的标准，请分析可能的原因和解决手段。

(2) 在某些处方中，即使润湿剂的用量很小了，但得到的软材黏度还是过大，会出现黏筛现象，此时可以采取哪些措施来保证工艺可行？

(3) 采用湿法制粒工艺时，如果药物的化学稳定性较差，需要在哪些环节采取什么手段来减少或防止药物降解？

(4) 请查阅泡腾剂相关文献，设计对乙酰氨基酚泡腾颗粒剂的处方工艺。

七、实验结果参考

为便于效果展示，使用透明复合膜袋进行样品的封装(见图7)。实际产品一般用不透明铝塑复合膜袋进行封装，一是可提供避光环境提高药物稳定性，二是更加便于在包装上印刷文字说明。

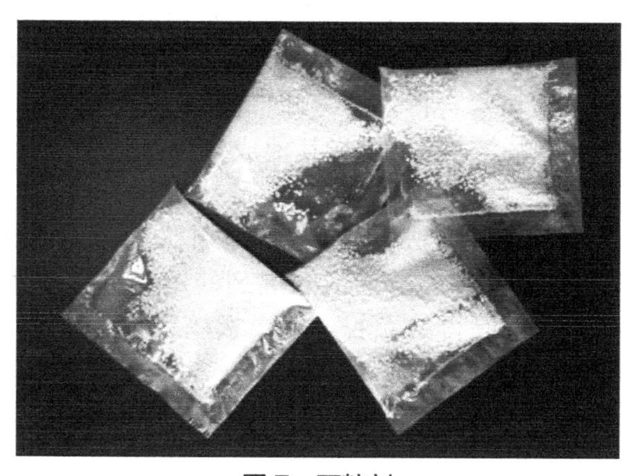

图7 颗粒剂

实验六　对乙酰氨基酚片的制备

一、实验目的

(1) 掌握湿法制粒压片的一般工艺。

(2) 熟悉单冲压片机的使用方法及片剂质量的检查方法。

二、实验原理

片剂是医药中应用最广泛的剂型之一,它具有剂量准确、质量稳定、服用方便、成本低等优点。制片的方法有制颗粒压片、结晶直接压片和粉末直接压片等。制颗粒的方法又分为干法和湿法。现将常用的湿法制粒压片的工艺流程介绍如下,如图 8 所示。

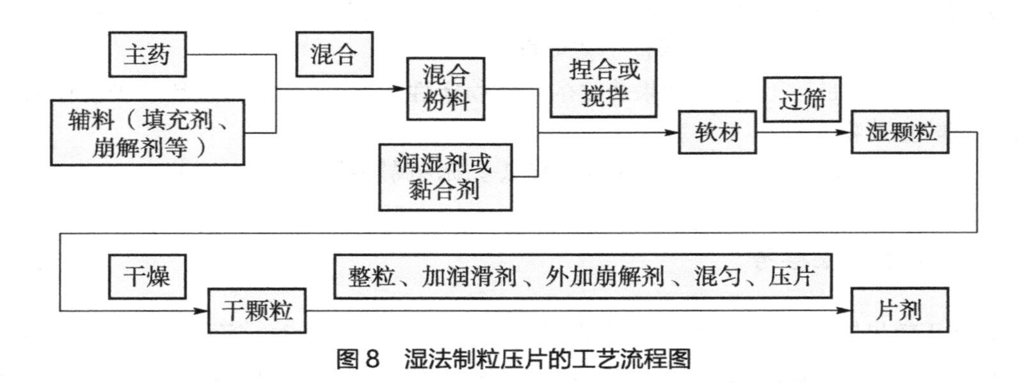

图 8　湿法制粒压片的工艺流程图

整个流程中各工序都直接影响片剂的质量。主药和辅料首先必须符合规格要求,特别是主药为难溶性药物时,必须有足够的细度,以保证与辅料混匀及溶出度符合要求。主药与辅料是否充分混合均匀与操作方法也有关。若药物量小,与辅料量相差悬殊时,用递加稀释法(配研法)混合,一般可混合得较均匀,但其含量波动仍然较大。而用溶剂分散法,即将量小的药物先溶于适宜的溶剂中,再与其他成分混合,往往可以混合得很均匀,含量波动很小。

颗粒的制造是制片的关键。湿法制粒,欲制好颗粒,首先必须根据主药的性质选好黏合剂或润湿剂,制软材时要控制黏合剂或润湿剂的用量,使之“握之成团,轻压即散”,并握后掌上不沾粉为度。过筛制得的颗粒一般要求较完整,可有一部分小颗粒。如果颗粒中含细粉过多,说明黏合剂用量太少;若呈现条状,则说明黏合剂用量太多,这两种情况制出的颗粒烘干后,往往出现太松或太硬,都不能符合压片的颗粒要求,从而不能制好片剂。

颗粒大小根据片剂大小由筛孔径来控制，一般大片（0.3~0.5 g）选用 14~16 目，小片（0.3 g 以下）选用 18~20 目筛制粒。颗粒一般宜细而圆整。

干燥、整粒过程，将已制备好的湿粒尽快通风干燥，温度控制在 40~60℃。注意颗粒不要铺得太厚，以免干燥时间过长，药物易被破坏。干燥后的颗粒常粘连结团，需再进行过筛整粒。整粒筛目孔径与制粒时相同或略小。整粒后加入润滑剂混合均匀，计算片重后压片。

片重的计算，主要以测定颗粒的药物含量计算片重。

$$片重=\frac{每片应含主药量}{干颗粒中主药含量百分数的测得值}$$

冲模直径的选择：一般片重为 0.5 g 左右的片剂，选用 ϕ12 mm 冲模；0.4 g 左右，选用 ϕ10 mm 冲模；0.3 g 左右，选用 ϕ8 mm 冲模；0.1~0.2 g，选用 ϕ6 mm 冲模；0.1 g 以下，选用 ϕ5~5.5 mm 冲模。根据药物密度不同，再进行适当调查。

制成的片剂需要按照药典规定的片剂质量标准进行检查。检查的项目，除片剂外观应完整光洁、色泽均匀，且有适当的硬度，必须检查质量差异和崩解时限。有的片剂药典还规定检查溶出度和含量均匀度，并明确凡检查溶出度的片剂，不再检查崩解时限；凡检查含量均匀度的片剂，不再检查质量差异。溶出度检测方法见实验八。除了本实验教材外，片剂质量差异、崩解时限和含量均匀度检查的详细方法和要求可参照最新版《中国药典》。

三、实验内容

1. 处方

对乙酰氨基酚	50 g
淀粉	1.5 g
15% 淀粉浆	适量
干淀粉	2.0 g
硫脲	0.05 g（0.1% 左右）
硬脂酸镁	0.5 g（1% 左右）

2. 操作

（1）将硫脲溶于适量的温水中，加入淀粉，搅拌使淀粉分散而成均匀的混悬液，加沸水冲成浆糊。

（2）将对乙酰氨基酚、淀粉混合均匀，加入适量热淀粉浆混合制成均匀的软材，用 16 目尼龙筛制粒，50~60℃鼓风干燥，干颗粒水分控制在 1%~2%，干颗粒通过 16 目尼龙筛整粒并加入硬脂酸镁和干淀粉混匀，压片即得。

3. 注解

这是较为经典的湿法制粒压片的实例，处方中对乙酰氨基酚为主药，淀粉主要作为填充剂，同时也兼有内、外加崩解剂的作用；淀粉浆为黏合剂；硫脲为抗氧化剂，还能与金属离子螯合，有利于对乙酰氨基酚的稳定，硬脂酸镁为润滑剂。

4. 质量检查与评定

(1) 片重差异：取20片精密称定质量，求得平均片重，再称定各片的质量。按下式计算片重差异。

$$片重差异(\pm\%)=\frac{单片重-平均片重}{平均片重}\times 100$$

药典规定，0.3 g以下的药片的片重差异限度为 ±7.5%；0.3 g或0.3 g以上者为 ±5%，且超出片重差异限度的药片不得多于2片，并不得有1片超过限度的1倍。

(2) 崩解时限：取药片6片，分别置于吊篮的玻璃管中，每管各加1片，吊篮浸入盛有(37±1) ℃水的1 000 mL烧杯中，开动电动机按一定的频率和幅度往复运动(每分钟30~32次)。从片剂置于玻璃管时开始计时，至片剂全部崩解成碎片并全部通过管底筛网止，该时间即为该片剂的崩解时间，应符合规定崩解时限。如1片崩解不全，应另取6片复试，均应符合规定。

(3) 硬度实验：应用片剂四用测定仪进行测定。将药片垂直固定在两横杆之间，其中的活动横杆借助弹簧沿水平方向对片剂径向加压，当片剂破碎时，活动横杆的弹簧停止加压。仪器刻度标尺上所指示的压力即为硬度。测3~6片，取平均值。

四、实验结果和讨论

记录所制备片剂的如下指标：

外观：

片重差异：

崩解时限：

结论：

五、思考题

(1) 试分析实验处方中各辅料成分的作用，并从添加顺序、一般用量等方面说明如何正确使用。

(2) 如果压片过程中出现黏冲现象，请分析可能的原因和解决方法。

(3) 在本实验中，有哪些处方因素和工艺因素会影响所压制片剂的崩解时间？请各举出一例。

(4) 如果制得的片剂硬度过低或过高，可能带来什么问题？

六、实验结果参考

得到的片剂应该颜色均匀，表面光滑，没有缺裂。如图9所示。

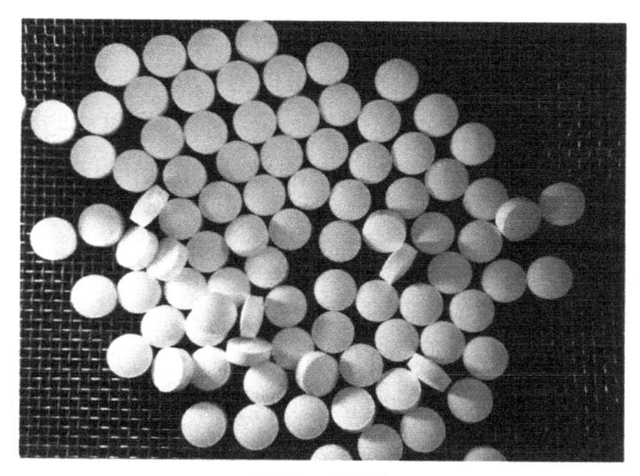

图9　片剂

实验七　片剂薄膜包衣及质量评价

一、实验目的

(1) 掌握用包衣锅包薄膜衣的方法。
(2) 了解包衣材料的配制方法。

二、实验原理

为了掩盖不良气味，使片剂中药物稳定，定时定位释放，控制药物释放速度和改善外观等原因，在片剂表面上包上适宜材料的膜衣，即为包衣片。片剂包衣的种类主要有糖衣、薄膜衣、肠溶衣三种。肠溶衣可视作特殊用途的薄膜包衣。与传统的糖衣相比，薄膜包衣具有用量少，片增重小，易操作，自动化程度高，可控性强，生产周期短的优点。但如果使用有机溶媒则具有易燃易爆，污染环境等缺点。近年来开发的水分散体包衣材料克服了此缺点。用于包衣的片剂称素片，素片应硬度大且崩解度要好。以免在包衣时因摩擦碰撞而使素片松裂或粉尘过多，影响包衣片的光洁，或因包衣造成片剂崩解迟缓。包衣的方法通常有：滚转包衣法、流化床包衣法、埋管滚转包衣法及压制包衣法等。滚转包衣法包薄膜衣时，将素片置于转动的包衣锅中，喷入包衣材料溶液，使其均匀地分散到各个片剂的表面上，同时吹入热风干燥，包衣过程持续到符合设计要求为止。薄膜包衣的衣膜质量（一般称为包衣增重）通常为最终产品质量的2%~5%。

薄膜包衣材料一般为高分子材料，须具有良好的成膜性和抗拉强度，在某一特定的介质和 pH 中有足够的溶解性和稳定性（不受温度、湿度、光线等外界条件的影响），还应无生理毒性。根据薄膜包衣材料在肠胃液中的溶解度可将其分为胃溶性、肠溶性、胃肠二溶性及胃肠不溶性四类。本实验应用肠溶性材料，常见的有虫胶、CAP（邻苯二甲酸醋酸纤维素）、Eudragit L 和 S（国内生产的为丙烯酸树脂Ⅱ号和Ⅲ号）。

用包衣锅包薄膜衣的大致工艺过程如下：① 锅内增加 3~5 块挡板；② 素片放入锅内，温度控制在 40~60℃；③ 锅转动后将膜衣液喷入片床内，直至达到要求厚度即可出锅干燥。

包薄膜衣应注意几个重要环节：① 热风交换率要好；② 喷液输出量要调节好；③ 喷枪的雾化效果要好；④ 素片翻滚速度可调。

雾化液滴对素片的附着力要大于素片与锅壁、素片与素片之间的附着力，才能在素片的表面形成完整的膜衣层。影响包衣的主要因素有热风交换率、雾化压力及喷枪距片床的距离、输液速度等。

三、实验内容

（一）包薄膜衣

1. 处方

水溶性包衣粉	12 g
水溶性色素	适量
纯化水	80 mL

2. 包衣液的配制方法

取纯化水 80 mL，在搅拌状态下撒入包衣粉，以不结块为宜，且应一次性慢慢撒入，加入适量水溶性色素然后继续搅拌 45 min，必要时可过 100 目筛两次，待液体均匀后即可使用。

3. 包衣操作

本实验可以使用对乙酰氨基酚片（实验六制备）进行包衣，并在实验九中对素片和包衣片的溶出特性进行评价。

取素片 100 g 置包衣锅内，锅内置三块挡板、吹热风使素片温度达到 40~60℃，调节气压，使喷枪喷出雾状，再调好输液速度即可开启包衣锅（30~50 r/min），喷入包衣液直至达到片面色泽均匀一致，停喷包衣液，视片面粘连程度决定是否继续转动包衣锅，取出片剂，60℃干燥老化。

4. 注意事项

要求素片较硬（硬度 > 4 kg）、耐磨，包衣前筛去细粉，以使片面光洁。

包衣操作时，喷速与吹风速度的选择原则是：既要使片面略带润湿，又要防止片面粘连。温度不宜过高或过低。温度过高则干燥太快，成膜不均匀；温度过低则干燥太慢，造成粘连。包衣过程中注意对包衣液进行适当搅拌，以防聚沉。调整包衣锅角度和转速以便片剂充分翻滚。

（二）质量检查与评定

（1）外观检查：主要检查片剂的外形是否圆整、表面是否有缺陷（碎片粘连和剥落、起皱和桔皮膜、起泡和桥接、色斑和起霜等）、表面粗糙程度和光洁度。

（2）确定包衣片的质量和硬度等，并与素片进行比较。

（3）被复强度实验（抗热实验）：将包衣片 50 片置 250 W 的红外灯下 15 cm 处受热 4 h，

观察并记录片面变化情况。注:合格品片面应无变化。

(三)耐湿耐水性试验

将包衣片置于恒温、恒湿装置中经过一定时间,以片剂增重为指标,表示耐湿耐水性。

(四)素片与包衣片的比较

实验结果与讨论

1. 包衣片的外观
2. 包衣片与素片的质量和硬度比较
3. 被复强度(抗热)
4. 耐湿耐水性
5. 溶出度(可在实验八中进行)

四、思考题

(1) 什么情况下片剂需要包衣?

(2) 请查阅文献,写出几种商品化的薄膜包衣材料及其主要成分。

(3) 薄膜包衣材料应具备哪些特点?

(4) 在包衣过程中哪些因素对包衣质量影响较大,如何控制和调整?

五、实验结果参考

制备得到的薄膜衣片应该无缺角,外表光滑,如图 10 所示。对于有颜色的薄膜衣,需要其颜色均匀。衣膜厚度均匀,表面没有裂纹。对于成熟的处方,衣膜的厚度可以通过控制包衣增重来控制;在探索性的实验中,可以使用显微照片等方式进行调整衣膜厚度的策略,并结合稳定性、释放试验等来优化确定衣膜的厚度。

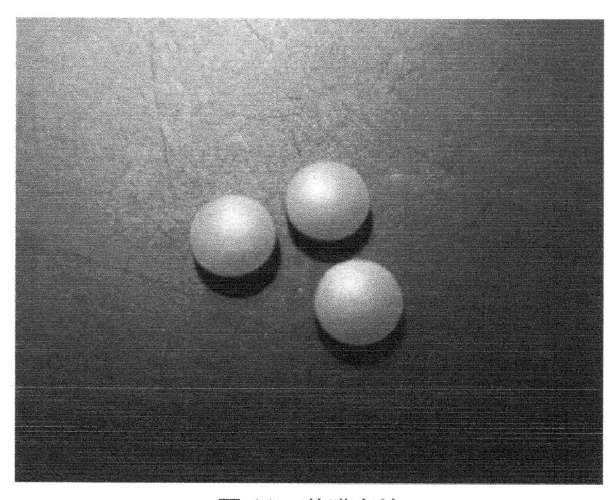

图 10　薄膜衣片

实验八 对乙酰氨基酚片溶出速率的测定

一、实验目的

(1) 掌握片剂溶出速率测定的方法及溶出速率曲线的绘制。
(2) 熟悉溶出仪的使用方法。

二、实验原理

片剂服用后,在消化道中一般要经过崩解和溶解两个过程,然后透过生物膜被吸收。对于难溶性药物(溶解度小于 0.1~1 mg/mL),其体内吸收受溶解速率影响,即溶解是吸收的主要限速过程。故测定崩解时限不能作为判断难溶性药物片剂的吸收指标。难溶性药物的溶解速率除与药物的物理化学性质(如晶形、粒度等)有关外,还与辅料、制备工艺、贮藏条件等有密切关系。为了有效地控制片剂的质量,可采用测定药物的血药浓度或尿药浓度等测定药物的生物利用度。但这种体内测定方法用来控制药品质量非但不便,而且也不可能每批制剂均进行生物利用度的测定。因此,目前一般通过测定制剂的体外溶出来间接评定难溶性制剂的内在质量,并用于筛选制剂处方和制备工艺。

片剂溶出速率的测定是将片剂置于适当介质(人工胃液、人工肠液或其他)中,间隔一定时间取样,测定药物的含量。依据实验所得的数据进行整理,绘制出药物释放百分数曲线。测定片剂溶出速率的具体方法有多种,国内常用的有转篮法(一般 100 r/min)与桨法(一般 50 r/min)两种。

三、实验内容

(一) 确定主药标示量

取样品 10 片,精密称定,计算平均片重 m,将称定的片子研细,再精密称取相当于 m 的量,加约 600 mL 溶出介质(浓盐酸 7 mL 或稀盐酸 24 mL 加水至 1 000 mL),水浴(40~50℃)中搅拌溶解,冷至室温,移入 1 000 mL 容量瓶中,加入介质至足量,摇匀,过滤,精密吸取滤液 1 mL 置 50 mL 容量瓶中,加入 0.04% 氢氧化钠溶液稀释至 50 mL,摇匀,使用分光光度法在 257 nm 处测定吸光度 A 值,按照公式和稀释关系计算每片片剂中主药标示量。可以同时测定实验六制备的对乙酰氨基酚片和实验七制备的包衣对乙酰氨基酚片。

(二) 对乙酰氨基酚片溶出度的测定

1. 仪器准备

本实验采用转篮法进行测定。转篮是用 40 目不锈钢制成的圆筒,高 3.66 cm,直径 2.5 cm,顶部通过金属棒连接于转动轴上。转篮悬吊于盛有溶出介质的容器中,距溶出杯底

2.5 cm(可以仪器附带的测量装置进行定位),使用前安装就绪。开动电动机空转,检查电路是否畅通,有无异常噪音,转篮的转动是否平稳,加热恒温装置及变速装置是否正常,如一切符合要求,就可以开始测定样品。

2. 测定方法

取溶出介质(浓盐酸 7 mL 或稀盐酸 24 mL 加水至 1 000 mL)1 000 mL,加热至 37℃,置溶出杯中,调节转篮转速为 100 r/min,将精密称定质量的药片一片(m)放在转篮内,以溶出介质接触药片时为零时刻开始计时,然后按 2 min、5 min、10 min、15 min、20 min、30 min、40 min 定时取样,取样位置固定在转篮上端液面中间、距离杯壁 1 cm 处,每次取样 5 mL,将样品液过滤,吸取滤液 1 mL,置 50 mL 容量瓶中,加 0.04% 氢氧化钠溶液稀释至 50 mL,摇匀,照分光光度法在 257 nm 处依法测定规定时间药片溶出的 A 值,以 A_s 表示。将测定结果记录于下表。可以同时测定实验六制备的对乙酰氨基酚片和实验七制备的包衣对乙酰氨基酚片。

序号	1	2	3	4	5	6	7
取样时间 /min	2	5	10	15	20	30	40
A_s							
$\frac{质量浓度\ \rho}{g/100\ mL}$							
累计溶出百分数							

3. 累计溶出量计算

(1) 质量浓度的计算:

$$\rho = \frac{A_s}{715}$$

(2) 溶出度的计算:

$$累计溶出百分数 = \frac{\rho \times 50 \times 介质总量}{标示量 \times 100} \times 100\%$$

注:对乙酰氨基酚片标示量为实测标示量,介质总量为 1 000 mL。

(3) 用普通坐标纸作图求 t_{50}:以累计溶出百分数对溶出时间逐一描点,用图估法拟合平滑曲线,过累计溶出百分数 50% 处引一与 t 轴平行的直线,与溶出曲线相交于 A,过 A 点向 t 轴引垂线交于 t_1,此 t_1 即为 t_{50}。比较实验六制备的对乙酰氨基酚片和实验七制备的包衣对乙酰氨基酚片的溶出曲线和 t_{50} 值的差异。根据实验结果,请查询 2015 年版《中国药典》,评价所测定的对乙酰氨基酚片溶出是否合格。

四、注意事项

(1) 对所用的溶出度测定仪,应预先检查其是否运转正常,并检查温度的控制,转速等是否精确,升降转篮是否灵活等。

(2) 溶出方法分转篮法、桨法和小杯法三种。本实验选用转篮法,转篮的尺寸和结构应符合药典规定。

(3) 每次取出样品液后，应同时补充相同体积的空白溶液。

(4) 根据药典规定，应同时测定 6 片的溶出度，鉴于实验时间限制，可以每实验组仅要求完成 1 片的测试。

五、思考题

(1) 检查固体制剂的溶出度有何意义？

(2) 哪些种类的制剂需检查溶出度？

(3) 影响药物溶出度的因素有哪些？

(4) 本实验用紫外测定对乙酰氨基酚的含量存在一定误差，为什么？有哪些更好的方法？

实验九　栓剂的制备及其置换价测定

一、实验目的

(1) 掌握热熔法制备栓剂的工艺过程。

(2) 掌握置换价测定方法。

(3) 熟悉栓剂质量评定的内容和项目。

二、实验原理

栓剂(suppository)指药物和适宜的基质制备成的具有一定性状和质量的以供腔道给药的固体剂型，根据施用腔道不同一般有直肠栓和阴道栓，也有尿道栓，但应用较少。栓剂主要发挥局部治疗作用，如润滑剂、收敛剂、抗菌药物、甾体化合物、局部麻醉剂等。当然，栓剂中的药物也可以通过直肠的静脉丛和淋巴丛吸收直接进入血液循环，并可以避免肝的首过代谢而提高药物的生物利用度，因此栓剂也是一种进行系统给药的剂型，如可以用于胰岛素的直肠给药。

栓剂的基质主要分为脂溶性基质和水溶性基质，前者主要有可可豆油、半合成脂肪酸甘油酯、氢化植物油、蜡等，后者主要有甘油明胶、聚氧乙烯硬脂酸酯、聚乙二醇、纤维素类等。此外，栓剂中还可能加入吐温、司盘等表面活性剂用于帮助栓剂崩解和药物溶出，或者具有帮助药物透过肠道黏膜的作用。为实现可控的体内释放行为，各种基质间可以混合使用。

基本组成
- 药物
- 基质
  - 脂溶性基质：可可豆油、半合成脂肪酸甘油脂、氢化植物油等
  - 水溶性基质：甘油明胶、聚氧乙烯硬脂酸酯、聚乙二醇等

栓剂的制备方法主要有手工成形、挤压成形、模制成形和压片机压制。手工成形即将基质在研钵中研碎后与主药一起搓揉，直到得到均匀的塑性软材后手工塑形即可。挤压成形也称冷压法，是将药物和基质于冷容器中混合均匀，之后通过机械挤压成形。模制成形也称热熔法，一般是先将基质熔化，再将主药溶解、乳化或悬浮在基质中，之后倾倒入金属模具中，冷却后取出即得。脂溶性基质栓剂的制备可采用三种方法中的任何一种，而水溶性基质的栓剂多采用热熔法制备。热熔法制备栓剂的工艺流程如下：

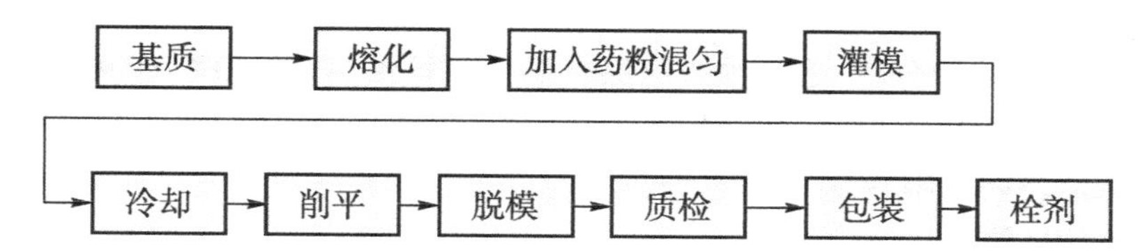

制备栓剂用的固体药物，除另有规定外，应为 100 目以上的粉末，为了使栓剂冷却后易从模型中推出，灌模前模型应在栓模内表面涂润滑剂（也称为脱模剂）。水溶性基质涂脂溶性润滑剂，如液体石蜡；脂溶性基质涂水溶性润滑剂，如软皂乙醇液（由软皂、甘油各一份及 90% 乙醇溶液五份混合而成）。润滑剂的用量不宜过多，否则会影响栓剂的外观和质量。

为了准确确定基质用量以保证剂量准确，常需预测药物的置换价。置换价（f）定义为主药的质量与同体积基质质量的比值。置换价即为药物密度与基质密度之比值。

当药物与基质的密度已知时，可用下式计算：

$$f=\frac{\text{药物密度}}{\text{基质密度}}$$

当基质和药物的密度不知时，可用下式计算：

$$f=\frac{m_{\text{主}}}{m_{\text{基}}-(m_{\text{药}}-m_{\text{主}})}$$

式中：$m_{\text{主}}$为每枚栓剂中主药的质量；$m_{\text{基}}$为每枚纯基质栓剂的质量；$m_{\text{药}}$为每枚含药栓剂的质量。

根据求得的置换价，计算出每枚栓剂中应加的基质质量（m_{E}）为

$$m_{\text{E}}=m_{\text{基}}-\frac{m_{\text{主}}}{f}$$

栓剂的质量评定内容：

(1) 药典规定必须检查其重量差异、融变时限、外观、硬度。

(2) 还有一些非法定检查指标，如均匀度、粒度、软化点、体外释放实验、生物利用度等。

三、实验内容

（一）阿司匹林栓剂的制备和置换价的测定

以阿司匹林为模型药物，用半合成脂肪酸酯为基质进行空白栓剂和含药栓剂的制备，并进行置换价测定。

1. 操作

(1) 纯基质栓的制备：称取半合成脂肪酸酯 10 g 置蒸发皿中，于水浴上加热，待 2/3 基质熔化时停止加热，搅拌使全熔，待基质呈黏稠状态时，灌入已涂有润滑剂并经过预热（约 60℃）的栓剂模型内，冷却凝固后削去模口上溢出部分，脱模，得到完整的纯基质栓数枚，称量，每枚纯基质的平均质量为 $m_{基}$。

(2) 含药栓的制备：称取半合成脂肪酸酯 6 g 置蒸发皿中，于水浴上加热，待 2/3 基质熔化时停止加热，搅拌使全熔；称取研细的阿司匹林粉末(过 100 目筛)3 g，分次加入熔化的基质中，不断搅拌使药物均匀分散，之后灌入已涂有润滑剂且预热（约 60℃）的模型内，冷却凝固后削去模口上溢出部分，脱模，得到完整的含药栓数枚，称量，每枚含药栓的平均质量为 $m_{药}$，其含药量 $m_{主}=m_{药}\cdot x$，其中，x 为含药百分数。

2. 置换价的计算

用上述得到的 $m_{基}$、$m_{药}$和 $m_{主}$，计算阿司匹林对半合成脂肪酸酯的置换价。

（二）甘油栓的制备

1. 处方

甘油	16 g
无水碳酸钠（Na_2CO_3）	0.4 g
硬脂酸	1.6 g
蒸馏水	2 g
制成肛门栓	6 枚

2. 操作

取碳酸钠与蒸馏水置小烧杯中，搅拌溶解，加甘油混合后置 100℃水浴中加热，加热的同时缓缓加入硬脂酸细粉并随加随搅拌，待泡沸停止、溶液澄明后，注入经过预热（约 80℃）并已涂有润滑剂（液体石蜡）的栓模中，冷却，削去溢出部分，即得。

制备甘油栓时，水浴要保持沸腾，硬脂酸细粉应少量分次加入，与碳酸钠充分反应，直至泡沸停止、溶液澄明、皂化反应完全，才能停止加热。一般该反应需耗时 1~2 h，如果高海拔地区水沸腾温度达不到 100℃，则需要延长反应时间或者使用其他方法保证反应温度。皂化反应生成 CO_2，制备时务必除尽气泡后再注模，否则栓剂内含有气泡影响剂量和美观。

四、注意事项

(1) 栓模使用前应该先将其螺栓拧紧后，对光检查密合是否良好。密合不好者一方面会导致其中的润滑剂漏出至烘箱中使得电炉丝腐蚀等；另一方面栓模中尚未固化的基质也会漏出，导致栓剂出现空心、尾部塌陷等问题。此外，还需检查栓模内部是否平整光滑，是否有污染物附着。不锈钢栓模比较锋利，使用时需注意不要划伤皮肤。

(2) 栓模中的润滑剂用量不宜过多，以刚刚能够在模具内部形成薄薄的液膜为宜。如果润滑剂使用较多，则由于润滑剂与基质间相容性不好，可能会因润滑剂的占位作用而在栓剂表面（头部和四周）形成小坑，进而影响质量差异。

(3) 向栓模中倾倒熔融的基质时，应该一个模孔填满后再倾倒另一个模孔，以防止栓剂中出现断层。

(4) 注模前应将栓模预热,注模后应放在室内缓慢冷却,如冷却过快,成品的硬度、弹性、透明度均受影响,且尾部容易凹陷。应该等到栓剂冷却到室温再打开模具进行脱模,否则可能会因为基质还未完全硬化而导致脱模过程中栓剂变形。

(5) 由于栓剂在冷却过程中体积会发生收缩,有时会在栓剂尾端(或者是模具敞开的一端)形成一个收缩空穴,影响外观和质量差异。如果倾倒熔融基质时的温度稍高于它的凝固温度,同时把模具也加热到大致相同的温度,这种收缩现象可以在很大程度上避免。另外,为防止尾部收缩空穴出现,一般还需要采用过量灌模法,即在注模时多倾倒一些基质,一般需要溢出表面约 3 mm,冷却后把多余部分用刀片等刮去。

(6) 将制备好的栓剂用刀片进行纵切后,可以观察其中是否有中空以及药物分布是否均匀。如果基质熔融时温度太高,则黏度一般较低,且冷却时收缩也较多,容易产生中空。同样由于高温时黏度低且冷却时间较长的原因,栓剂中非溶解的药物也容易发生沉降而导致药物分布不均匀。因此,熔融基质的温度不需要高于其熔点太多。在生产中,应该对基质熔化温度范围,体积随温度膨胀情况等进行测定,以确定加热温度和灌模时的过量程度等。

五、实验结果和讨论

1. 置换价

记录阿司匹林对基质的置换价,讨论在什么情况下制备栓剂需测定药物对基质的置换价。

2. 将各个栓剂的各项质量检查结果记录于下表。

三种栓剂质量检查结果

名称	外观	质量	硬度	剖面是否均匀
纯基质栓				
阿司匹林栓				
甘油栓				

六、思考题

(1) 热熔法制备阿司匹林栓应注意什么问题?

(2) 乙酸洗必泰栓剂为何选用甘油明胶基质? 制备过程应注意什么?

(3) 请查阅文献,收集甘油栓制备过程中的化学反应,以及如何促进反应的进行?

(4) 从处方设计角度考虑,中药栓剂与西药栓剂在制备时有何不同?

七、实验结果参考

图 11 中从左至右分别为甘油栓剂、纯基质栓剂、阿司匹林栓剂。甘油栓剂制备过程中如果反应完全,则应该为半透明状态。

图 11 栓剂

实验十 维生素 C 注射剂的制备及其稳定性因素考察

一、实验目的

(1) 掌握维生素 C 注射剂的制备过程和操作要点。
(2) 掌握影响维生素 C 注射剂稳定性的主要因素。
(3) 熟悉注射剂成品质量检查的标准和方法。
(4) 了解药物处方设计中开展稳定性实验的一般方法。

二、实验原理

注射剂是一类通过皮肤或黏膜注入人体内的无菌制剂。它主要包括溶液型、混悬液型、乳状液型、临时加溶媒溶解或混悬后使用的固体粉末型几种形态。注射剂由于吸收快,作用迅速,所以产品的生产过程和成品的质量控制都极其严格,以保证用药的安全性和有效性。

一个合格的注射剂必须是无菌、无热原、澄明度合格、无刺激性或刺激性很小、在有效期内稳定、具有一定的 pH 和渗透压要求。要使注射剂达到规定的质量要求,就必须严格遵守注射剂生产的操作规程,并按质量控制标准控制产品的质量。

溶液型注射剂的一般生产工艺流程如下:

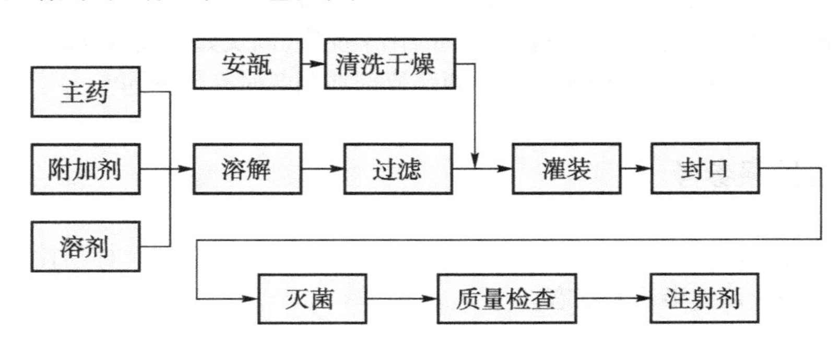

药物制剂的基本要求是安全、有效、稳定和使用顺应性。注射剂的稳定性，具有更重要的意义。药物的稳定性一般分为物理、化学和生物稳定性。本实验中主要考虑化学稳定性。制剂的化学不稳定性主要表现为放置过程中药物发生降解反应。药物由于化学结构不同，其降解反应也不相同。水解和氧化是药物降解的两个主要途径。

维生素 C 分子结构中，在羰基毗邻的位置上有两个烯醇基，很容易被氧化，氧化过程较为复杂，在有氧条件下，先氧化成去氢维生素 C，然后水解为 2,3– 二酮古罗糖酸，此化合物进一步氧化为草酸与 L– 丁糖酸。

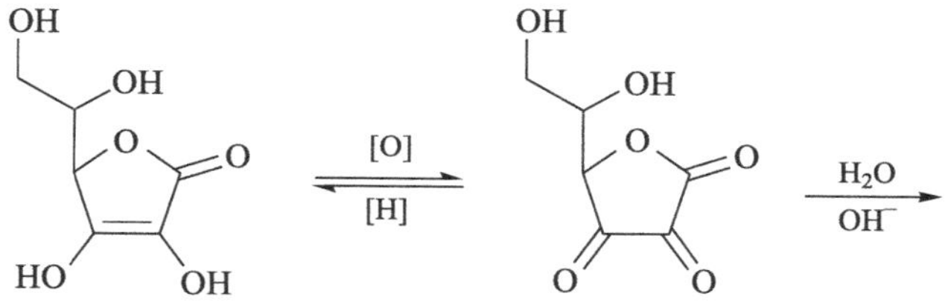

维生素C　[O]/[H]　去氢维生素C　H_2O, OH^-

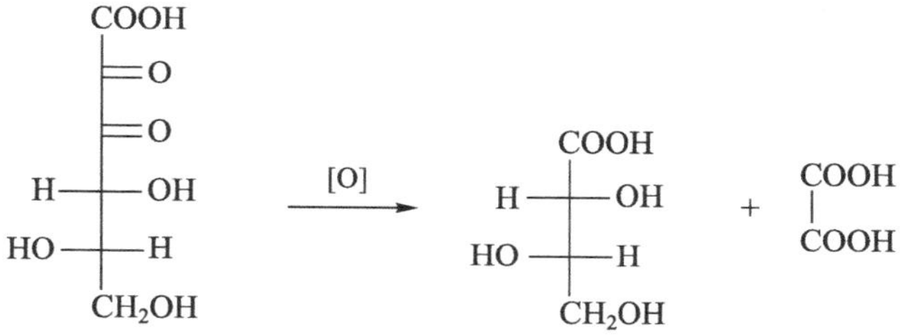

2,3–二酮古罗糖酸　[O]　L–丁糖酸　+　草酸

在无氧条件下，维生素 C 可发生脱水和水解反应生成呋喃甲醛和二氧化碳。由于 H^+ 的催化作用，维生素 C 在酸性介质中的脱水作用比在碱性介质中快。

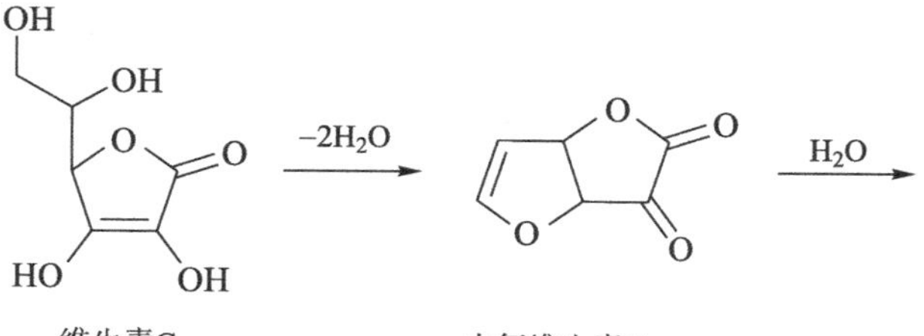

维生素C　$-2H_2O$　去氢维生素C　H_2O

$-2H_2O$　呋喃甲醛 + CO_2 + H_2O

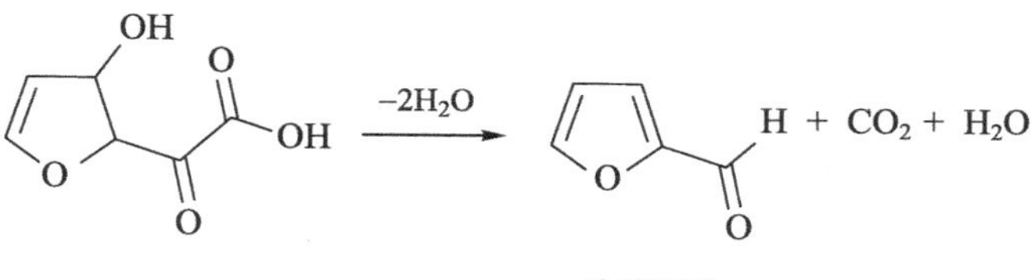

影响维生素 C 溶液稳定性的因素一般有空气中的氧气、环境 pH、金属离子、温度及光线等。维生素 C 的不稳定性主要表现在放置过程中颜色变黄和含量下降。

《中国药典》规定，维生素 C 注射剂需检查颜色，按照分光光度法在 420 nm 处测定，吸光度不得超过 0.06。维生素 C 的含量测定采用碘量法，该方法的基础是利用维生素的还原性基团与碘分子的定量反应，反应式如下：

$$\text{维生素C} + I_2 \xrightarrow{H^+} \text{去氢维生素C} + HI$$

维生素C　　　　去氢维生素C

三、实验内容

(一) 维生素 C 注射剂的制备

1. 处方

抗坏血酸	5.25 g
碳酸氢钠	2.4 g
焦亚硫酸钠	0.2 g
依地酸二钠	0.005 g
注射用水	加至 100 mL

2. 操作

(1) 安瓿的处理：

① 安瓿切割。经过质量检查(包括外观、清洁度、耐压试验、中性试验、耐酸试验、耐碱试验等项)合格的 2 mL 双瓶安瓿，在全瓶切割器上划痕，然后用“半拉半掰”的用力方法折断颈丝，并将安瓿口向下拉一下安瓿底部，使落入安瓿中的玻璃屑掉出，摆放在安瓿盘(或烧杯)中。

② 洗涤。先将安瓿中灌入常水甩洗两次，再用蒸馏水甩洗两次。如果安瓿清洁程度差，可用 0.1% 盐酸灌入安瓿，100℃热处理 30 min，然后再次洗涤。洗净的安瓿放入安瓿盘中。

③ 干燥。将洗好的安瓿放入 120~140℃的烘箱中，烘干备用。

(2) 其他用具的洗涤：垂熔玻璃漏斗、灌注器等用具，用重铬酸钾洗液浸洗 15 min 以上，用常水反复冲洗至不显酸性，再用蒸馏水冲洗 2~3 次。

乳胶管先用常水冲洗后，再用 0.5%~1%NaOH 溶液煮 30 min，常水洗去碱液，再用蒸馏水洗。再用 0.5%~1% 盐酸煮 30 min，常水洗，蒸馏水洗至中性，备用。

将上述处理的过滤用具，按要求装好，然后用蒸馏水抽洗数次，至排出液澄明度合格，最后用注射用水抽洗一次，即可供过滤药液用。

(3) 药液的配制：用烧杯加配液量 80% 注射用水，通 CO_2 使之饱和，加抗坏血酸使之溶解，分次少量加入碳酸氢钠，待液面不再产生 CO_2 气泡时，加入焦亚硫酸钠和依地酸二钠溶解，添加CO_2饱和的注射用水至全量。测定药液 pH 为 5.5~6.0。如不在此范围内，可用碳酸氢钠调节。药液用垂熔玻璃漏斗过滤之后用 0.22 μm 滤膜精滤，过滤液继续通入CO_2并在CO_2气流下灌装，随灌随封。封好的安瓿 100℃流通蒸汽灭菌 15 min，即得。

(4) 成品质量检查：以下质量检查的标准均以 2015 年版《中国药典》为准，结合实验室条件选择相应的项目开展。

① 装量检查。

② 澄明度检查，检查结果记录在下表。

检查总支数	不合格支数					合格支数	合格率
	玻璃屑	玻维	白点	焦头	总数		

③ pH 检查：用 pH 计测定药液 pH 应为 5.0~7.0。

④ 含量测定。

⑤ 色泽检查。

⑥ 热原检查。

⑦ 无菌检查。

(二) 维生素 C 注射剂稳定性因素考察

1. 影响维生素 C 注射剂稳定性因素考察

(1) 5% 维生素 C 注射剂的制备：取注射用水 500 mL 煮沸，放冷至室温，备用。取 20 g 维生素 C，加入放冷至室温的注射用水中溶解并稀释至 400 mL，制成 5% 的维生素 C 注射剂，备用。取样用碘量法进行含量测定，同时测定注射剂在 420 nm 波长下的吸光度，作为 0 时的含量及吸光度。

(2) pH 对维生素 C 注射剂稳定性的影响：

① 取(1)中制备的注射剂 200 mL 分成 4 份(容器应干燥)，每份 50 mL，用$NaHCO_3$粉末调节 pH 分别至 4.0、5.0、6.0、7.0，微孔滤膜过滤，灌入 2 mL 安瓿中，每个 pH 溶液灌装 8 支。

② 100℃水浴中加热 1 h，按下表所示观察不同时间点溶液颜色，并以 +++… 表示颜色变化进行记录；用碘量法测定 1 h 的药物含量，记录消耗碘液的体积，同时测定注射剂在 420 nm 波长下的吸光度，记录于下表中。

样品号	pH	颜色变化					碘液消耗量 /mL		吸光度
		10 min	20 min	30 min	45 min	60 min	0 min	60 min	420 nm
1									
2									
3									
4									
结论									

(3) 空气中的氧及抗氧剂对维生素 C 注射剂稳定性的影响:取(1) 中制备的注射剂 150 mL,加 $NaHCO_3$ 粉末调节 pH 至 6.0,方法同前。取其中 50 mL,分成三份:第一份于 2 mL 安瓿灌装 2 mL 后熔封,共灌 8 支;第二份于 2 mL 安瓿灌装 1 mL 后熔封,共灌 12 支;第三份于 2 mL 安瓿灌装 2 mL 后,通入 CO_2(约 5 s),立即熔封,共灌 8 支。该三份用于考察不同含氧量对维生素 C 稳定性的影响,测定结果记录于下表。

安瓿的熔封

样品号	条件	颜色变化					碘液消耗量 /mL		吸光度
		10 min	20 min	30 min	45 min	60 min	0 min	60 min	420 nm
1									
2									
3									
结论									

取剩余的 100 mL 注射剂分成两份,每份 50 mL。一份加入 0.12 g 的 $Na_2S_2O_5$,另一份作对照。两份均灌装于 2 mL 的安瓿中,每份 8 支。该两份用于考察加与不加抗氧剂对维生素 C 稳定性的影响,测定结果记录于下表。

样品号	抗氧剂	颜色变化					碘液消耗量 /mL		吸光度
		10 min	20 min	30 min	45 min	60 min	0 min	60 min	420 nm
1	$Na_2S_2O_5$								
2	无								
结论									

2. 维生素 C 含量的测定方法

本实验维生素 C 含量的测定采用碘量法。含量测定的具体方法如下:精密量取相当于 0.1 g 维生素 C(5% 维生素 C 溶液 2 mL,加蒸馏水 85 mL)、稀醋酸 4 mL 与淀粉指示液 1 mL,用 0.1 mol/L 碘标准溶液滴定至溶液呈持续的蓝色 30 s 不褪即得。1 mL 0.1 mol/L 碘标准溶液相当于 8.806 mg 的维生素 C。维生素 C 颜色变化则通过测定溶液在 420 nm 波长处的吸光度确定变色程度。

碘标准溶液(0.1 mol/L)的配制:称取 13 g 碘及 35 g 碘化钾,溶于 100 mL 水中,搅拌至完全溶解,稀释定容至 1 000 mL,摇匀,储存于棕色瓶中。

淀粉指示液的配制:取可溶性淀粉 0.5 g,加水 5 mL 搅匀后,缓缓倾入 100 mL 沸水中,随加随搅拌,继续煮沸 2 min,放冷,倾取上层清液,即得。

稀醋酸的配制:冰醋酸 6 mL 加水稀释至 100 mL,浓度可根据体积折算。

四、思考题

(1) 配制易氧化药物的注射剂应注意哪些问题?

(2) 如何提高本实验中制备的注射剂的质量？
(3) 维生素 C 注射剂的稳定性主要受哪些因素的影响？
(4) 易氧化药物注射剂应如何制备？

五、实验结果参考

制备得到的注射剂为无色或者微黄色的澄清液体，无可见异物，如图 12 所示。颜色过深说明处方的 pH 不适宜，抗氧剂用量或种类不适宜，或者灭菌条件过强。颜色的量化测定可以取本品，加水稀释成每毫升中含维生素 C 50 mg 的溶液，分光光度法在 420 nm 的波长处测定，吸光度不得超过 0.06。

图 12　注射剂

实验十一　微型胶囊的制备

一、实验目的

(1) 掌握单凝聚法和复凝聚法制备微型胶囊的一般工艺。
(2) 通过实验进一步理解凝聚法制备微型胶囊的基本原理。

二、实验原理

微型胶囊（简称微囊）系利用天然、半合成或合成的高分子材料（通称囊材），将固体或液体药物（通称囊心物）包裹而成的，直径一般为 5~250 μm 的微小胶囊。药物制成微囊后，具有缓释（按零级、一级或 Higuchi 方程释放药物）作用，可提高药物的稳定性，掩盖不良口味，降低胃肠道的副反应，减少复方的配伍禁忌，改善药物的流动性与可压性，液态药物固体化等特点。微囊的制备方法很多，可归纳为物理化学法、化学法及物理机械法。可按囊心物、囊材的性质，设备以及要求微囊的大小等选用不同的方法。

本实验采用物理化学法中的单凝聚法和复凝聚法制备微囊。单凝聚法中，高分子囊材在水溶液表面形成水合膜，可用凝聚剂（强亲水性的电解质或非电解质）与水合膜的水结合，致使囊材的溶解度降低，在搅拌条件下自体系中凝聚成囊而析出，然后根据囊材性质进行固化。复凝聚工艺中，其基本过程分为两个步骤，其一为电荷相互作用引起的囊材相互聚集，其二为化学试剂（多为醛类）引起的交联反应。使用复凝聚法制备微囊时，阿拉伯胶一般总是带负电荷，明胶在等电点以上带负电荷，在等电点以下带正电荷。基于上述物料的荷电特征，可将需包囊的药物先与阿拉伯胶溶液制成乳剂或混悬剂，在 40~60℃下与等量的明胶溶液混合，此时由于明胶溶液带少量正电荷，并不发生凝聚现象。用醋酸调节 pH 至 3.8~4.0 后，明胶全部带正电荷，与带负电荷的阿拉伯胶产生凝聚，而包在药物周围形成微囊。这时的微囊比较软，需要降低温度使体系达到胶凝温度点以下，胶凝成为较硬的微囊，再向体系中加入甲醛，通过甲醛与明胶的交联反应使囊膜固化。降温过程中需要不断搅拌，以防微囊黏结，但搅拌速度要适中，以防微囊变形。最后用 20%NaOH 溶液调节 pH 至 7.5~8.0，以增强甲醛与明胶的交联作用，使凝胶的网状结构孔隙缩小从而具有更好的强度。

三、实验内容

（一）液体石蜡单凝聚法制备微囊

1. 处方

液体石蜡	2 g
明胶	2 g
10% 乙酸溶液	适量
30% 硫酸钠溶液	适量
37% 甲醛溶液	3 mL
蒸馏水	适量

2. 操作

（1）明胶溶液的制备：称取明胶 2 g，加蒸馏水 12~15 mL，浸泡膨胀后，微热（60℃）助其溶解，保温勿使其凝固。

（2）液状石蜡乳的制备：称取液状石蜡，加明胶溶液，50℃恒温磁力搅拌成乳（搅拌约 1 h），加蒸馏水至 60 mL，混匀，用 10% 乙酸溶液（2~3 mL）调节 pH 约为 4。

（3）微囊的制备：将上述乳剂置烧杯中，于恒温水浴内，使乳剂温度为 50~55℃，量取一定体积的 30% 硫酸钠溶液（约 20 mL），在搅拌下滴入乳剂中，至显微镜下观察。以成囊为度，由所用硫酸钠体积，立即计算体系中硫酸钠的浓度。另配置成硫酸钠稀释液，浓度为体系中浓度加 1.5%，体积为成囊溶液 3 倍以上（约 300 mL），液温 15℃，倾入搅拌的体系中，囊分散，静置待微囊沉降完全，倾去上清液，用硫酸钠稀释液洗 2~3 次。然后将微囊混悬于 300 mL 硫酸钠稀释液中，加入甲醛溶液，搅拌 15 min，再用 20% 氢氧化钠溶液调节 pH 至 8~9，继续搅拌 1 h，静置待微囊沉降完全。倾去上清液，微囊过滤，用蒸馏水洗至无甲醛气味，抽干，即得。

3. 观测结果

(1) 用显微镜观察微囊大小形态，绘图。

(2) 写出硫酸钠稀释液的浓度计算过程。

4. 注解

(1) 操作过程所用的水均应为蒸馏水或去离子水，以免干扰凝聚。

(2) 液体石蜡乳的乳化剂为明胶，乳化力不强，亦可将液体石蜡与明胶溶液 60 mL，用乳匀器或组织捣碎器乳化 1~2 min，即制得均匀乳剂。

(3) 30% 硫酸钠溶液，由于其浓度较高，温度低时，很易析出结晶，故应配置后加盖放置约 50℃保温备用。

(4) 凝聚成囊后，在不停搅拌的条件下，立即计算硫酸钠稀释液的浓度。若硫酸钠凝聚剂用去 20 mL，乳剂中蒸馏水为 60 mL，体系中硫酸钠的浓度为(30% × 20 mL/80 mL) × 100%=7.5%，应再增加 1.5%，即 9% 硫酸钠溶液为稀释液，用量为体系的 3 倍多(300 mL)，液温 15℃，可保持成囊时的囊型。若稀释液的浓度过高或过低时，可使囊黏结成团或溶解。

(5) 成囊后加入稀释液稀释后，再用稀释液反复洗时，只需要倾去上清液，不必过滤，目的是除去未凝聚完全的明胶，以免加入固化剂时明胶交联形成胶状物。固化后的微囊可过滤抽干，然后加入辅料制成颗粒，或可混悬于蒸馏水中放置，备用。

(6) 囊心物为难溶性液体药物或固体药物，只要不与固化剂起化学反应的均可按上述处方与操作适当调整即可制成微囊。

(二) 液体石蜡复凝聚法制备微囊

1. 处方

液体石蜡	1 g
阿拉伯胶	1 g
明胶	1 g
37% 甲醛溶液	1 mL
10% 乙酸溶液	适量
20% 氢氧化钠溶液	适量

2. 操作

(1) 明胶溶液的配制：称取明胶 1 g，用蒸馏水适量浸泡溶胀后，加热溶解，加蒸馏水至 20 mL，搅匀，50℃保温备用。

(2) 液体石蜡乳剂的制备：取阿拉伯胶 1 g 于 20 mL 50℃蒸馏水中，搅拌至完全溶解，之后加入液体石蜡 1 g，于组织捣碎机中快速乳化 2~5 s，即得乳剂。在显微镜下观察其是否成乳。

(3) 混合：将上述液体石蜡乳转入 200 mL 烧杯中，置于 50℃恒温水浴中，另取制备好的 5% 明胶溶液 20 mL，在搅拌下加入液体石蜡乳，测定混合液的 pH。

(4) 调 pH 成囊：在不断搅拌下，滴加 10% 乙酸溶液于混合液中，调节 pH 至 3.5~3.8。

(5) 微囊的固化：在不断搅拌下，将约30℃蒸馏水80 mL加至微囊液中，将含微囊液的烧杯自50~55℃水浴中取下，不停搅拌，自然冷却，待温度为32~35℃时，加入冰块，继续搅拌至温度为10℃以下，加入37%甲醛溶液1 mL(用蒸馏水稀释一倍)，搅拌15 min，再用20%NaOH溶液调节其pH 8~9，继续搅拌20 min，静置待微囊沉降。

(6) 镜检：显微镜下观察微囊的形态并绘制微囊形态图，记录微囊的大小(最大和最多粒径)。

(7) 过滤：待微囊沉降完全，倾去上清液，滤纸过滤或离心甩干，微囊用蒸馏水洗至无甲醛味，抽干，即得。

3. 注解

(1) 复凝聚法制备微囊，用10%乙酸溶液调节pH是操作关键。因此，调节pH时一定要把溶液搅拌均匀，使整个溶液的pH为3.8~4.0。

(2) 制备微囊的过程中，始终伴随搅拌，但搅拌速度以产生泡沫最少为度，必要时加入几滴戊醇或辛醇消泡，可提高产率。

(3) 固化前勿停止搅拌，以免微囊粘连成团。

四、思考题

(1) 微囊的形状和大小与哪些因素有关？

(2) 复凝聚法制备胶囊时，最好选择何种明胶，为什么？

(3) 复凝聚法制备胶囊时，两次调节pH和加水稀释的目的是什么？

(4) 影响复凝聚法制备微囊的关键因素是什么？

(5) 在操作时应如何控制以使微囊形状好，产率高？

五、实验结果参考

单凝聚法制备得到的微囊在显微镜下观察的图片如图13所示。

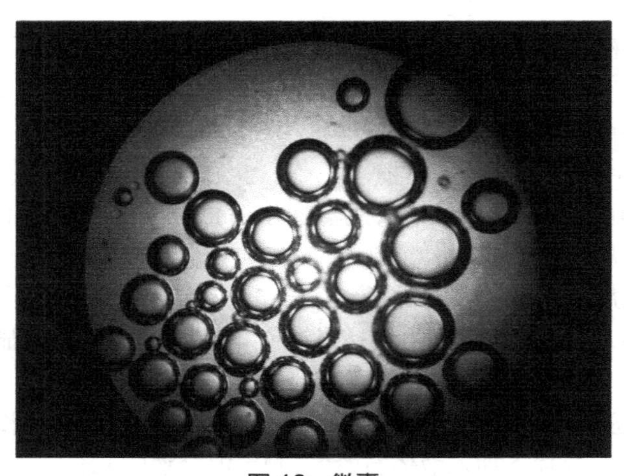

图13 微囊

实验十二　脂质体的制备及包封率的测定

一、实验目的

(1) 掌握薄膜分散法制备脂质体的工艺。
(2) 掌握用阳离子交换树脂测定脂质体包封率的方法。
(3) 熟悉脂质体形成原理及作用特点。
(4) 了解“主动载药”与“被动载药”的概念。

二、实验原理

脂质体是由磷脂与(或不与)附加剂为骨架膜材制成的,具有双分子层结构的封闭囊状体。常见的磷脂分子结构中有两条较长的疏水烃链和一个亲水基团。将适量的磷脂加至水或缓冲溶液中,磷脂分子定向排列,其亲水基团面向两侧的水相,疏水的烃链彼此相对络合为双分子层,构成脂质体。

用于制备脂质体的磷脂有天然磷脂,如大豆卵磷脂、蛋黄卵磷脂等;合成磷脂,如二棕榈酰磷脂酰胆碱、二硬脂酰磷脂酰胆碱等。常用的附加剂为胆固醇。胆固醇与磷脂混合使用,可制得稳定的脂质体,其作用是调节双分子层的流动性,降低脂质体膜的通透性。其他附加剂有十八胺、磷脂酸等。这些附加剂能改变脂质体表面的电荷性质,从而改变脂质体的包封率、体内外稳定性、体内分布等其他相关参数。

(一) 脂质体的制备方法

脂质体的制备方法较多,主要有薄膜分散法、注入法、逆相蒸发法、冷冻干燥法等。应根据药物的性质或研究需要来进行选择。现就前三种作简要介绍。

(1) 薄膜分散法:是一种经典的制备方法,即先将磷脂等材料在烧瓶内壁形成薄膜,之后再与缓冲溶液混合水化后形成脂质体。该法可制备多室脂质体,经超声处理后得到小单室脂质体。此法优点是操作简便,脂质体结构典型,但一般包封率较其他方法低,不适用于水溶性药物的装载。

(2) 注入法:常见的有乙醚注入法和乙醇注入法。乙醇注入法是将磷脂等膜材料溶于乙醇中,在搅拌条件下慢慢滴入55~65℃含药或不含药的水性介质中,蒸去乙醇,继续搅拌1~2 h,即可形成脂质体。

(3) 逆相蒸发法:系将磷脂等脂溶性成分溶于有机溶剂,如氯仿、二氯甲烷中,再按一定比例与含药的缓冲溶液混合、乳化,然后减压蒸去有机溶剂即可形成脂质体。该法适合于水溶性药物、大分子活性物质,如胰岛素等的脂质体制备,可提高包封率。

(二) 脂质体载药

在制备含药脂质体时,根据药物装载的机理不同,可分为主动载药与被动载药两大类。

所谓主动载药,即通过脂质体内外水相的不同离子或化合物梯度进行载药,主要有:K^+–Na^+梯度和H^+梯度(即pH梯度)等。传统上,人们采用最多的方法是被动载药。所谓被动载药,即首先将药物溶于水相或有机相(脂溶性药物)中,然后按所选择的脂质体制备方法制备含药脂体。被动载药的共同特点是:在装载过程中脂质体的内外水相或双分子层膜上的药物浓度基本一致,决定其包封率的因素为药物与磷脂膜的作用力、膜材的组成、脂质体的内水相体积、脂质体数目及药脂比(药物与磷脂膜材比)等。对于脂溶性的、与磷脂膜亲和力高的药物,被动载药较为适用。而对于两亲性药物,其油水分配系数受介质的pH和离子强度的影响较大,包封条件的较小改变就可能使包封率有较大的变化,此类药物首选主动载药见图14。

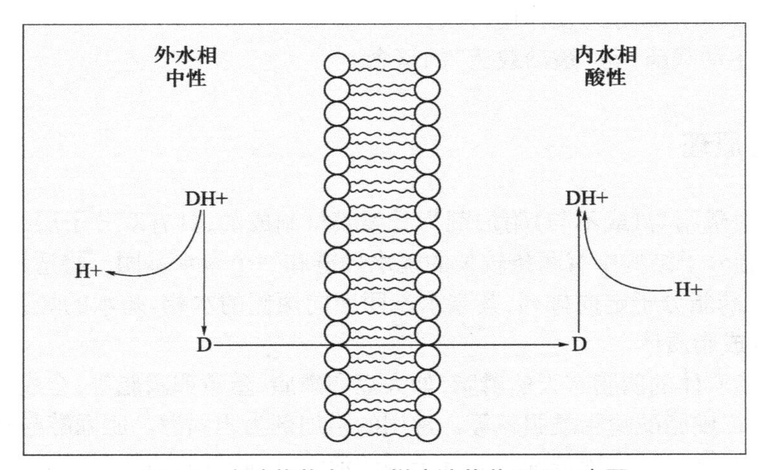

图14 主动载药中pH梯度法载药原理示意图

评价脂质体质量的指标有粒径、粒径分布和包封率等。其中脂质体的包封率是衡量脂质体内在质量的一个重要指标。常见的包封率测定方法有分子筛法、超速离心法、超滤法等。

本实验采用阳离子交换树脂法测定包封率。

阳离子交换树脂法是利用离子交换作用,将荷正电的未包入脂质体中的药物(即游离药物),如本实验中的游离小檗碱,通过阳离子交换树脂吸附除去;包封于脂质体中的药物(如小檗碱),由于脂质体荷负电荷,不能被阳离子交换树脂吸附,从而达到分离目的,用以测定包封率。

三、实验仪器与试剂

仪器:旋转蒸发仪、烧瓶、恒温水浴锅、磁力搅拌器、洗耳球、光学显微镜、玻璃棉、5 mL注射器筒、0.8μm微孔滤膜、紫外分光光度计、容量瓶。

试剂:盐酸小檗碱、注射用大豆卵磷脂、胆固醇、无水乙醇、95%乙醇溶液、磷酸氢二钠、磷酸二氢钠、柠檬酸、柠檬酸钠、碳酸氢钠、阳离子交换树脂。

四、实验内容

(一) 空白脂质体的制备(用于测定柱分离度)

1. 处方

注射用大豆卵磷脂	0.9 g
胆固醇	0.3 g
无水乙醇	2~20 mL
磷酸盐缓冲溶液	适量
共制成	约 30 mL 脂质体

2. 操作

(1) 磷酸盐缓冲溶液(PBS)的配制：称取 0.37 g 磷酸氢二钠($Na_2HPO_4 \cdot 12H_2O$)与 2.0 g 磷酸二氢钠($NaH_2PO_4 \cdot 2H_2O$),加蒸馏水适量,溶解并稀释至 1 000 mL(pH 约为 5.7),混匀。

(2) 称取处方量磷脂、胆固醇,置于 100 mL(也可以是 250 mL、500 mL 或 1 000 mL)烧瓶中,加无水乙醇 1~2 mL(根据情况可以加 10 mL 或 20 mL),置于 65~70℃水浴中,搅拌使之溶解,于旋转蒸发仪上旋转,使磷脂的乙醇溶液在壁上成膜,减压除乙醇,制备磷脂膜。

(3) 另取 PBS 30 mL 于小烧杯内,同置于 65~70℃水浴中,保温,待用。

(4) 取预热的 PBS 30 mL,加至含有磷脂膜的烧瓶中,转动下,65~70℃水浴中搅拌水化 10~20 min。取出脂质体液体于烧杯内,置于磁力搅拌器上,室温,搅拌 30~60 min,如果液体体积减少,可补加水至 30 mL,混匀,即得。(整个过程也可在旋转蒸发仪上完成,其他的脂质体制备也可在旋转蒸发仪上完成。)

(5) 取样,在油镜下观察脂质体形态,画出所见脂质体结构,记录最多和最大的脂质体的粒径;随后将所得脂质体液体通过 0.8μm 微孔滤膜两遍,进行整粒,再于油镜下观察脂质体的形态,画出所见脂质体结构,记录最多和最大的脂质体粒径。

3. 注解

(1) 在整个实验过程中禁止明火。

(2) 磷脂和胆固醇的乙醇溶液应澄清,不能在水浴中放置过长时间以防蒸发过多。磷脂和胆固醇的比例也可以采用3∶1、4∶1、5∶1或6∶1,如果磷脂和胆固醇的质量不好,建议采用6∶1。

(3) 磷脂、胆固醇形成的薄膜应尽量薄且均匀覆盖在玻璃内壁上。

(4) 60~65℃水浴中搅拌水化 10~20 min 时,一定要充分保证所有脂质水化,不得存在脂质块。

(二) 盐酸小檗碱脂质体的制备(被动载药法)

1. 处方

注射用大豆卵磷脂	0.6 g
胆固醇	0.2 g
无水乙醇	2~3 mL
盐酸小檗碱溶液(1 mg/mL)	30 mL
共制成	约 30 mL 脂质体

2. 操作

(1) 盐酸小檗碱溶液的配制：称取适量的盐酸小檗碱溶液，用磷酸盐缓冲溶液配成1 mg/mL和3 mg/mL两种质量浓度的溶液。

(2) 盐酸小檗碱脂质体的制备：按处方量称取豆磷脂、胆固醇置于100 mL烧瓶中，加无水乙醇，余下操作除将PBS换成盐酸小檗碱溶液外，同“空白脂质体制备”，即得“被动载药法”制备的盐酸小檗碱脂质体。

质量检查：粒子形态，最大粒径与最多粒径，药物的包封率。

3. 注解

同前。

(三) 盐酸小檗碱脂质体的制备(主动载药法)

1. 空白脂质体处方

注射用大豆卵磷脂	0.9 g
胆固醇	0.3 g
无水乙醇	2~3 mL
柠檬酸缓冲溶液	适量
共制成	约30 mL脂质体

2. 操作

(1) 空白脂质体的制备：称取磷脂0.9 g和胆固醇0.3 g，加入无水乙醇，置于65~70℃水浴中，搅拌(或转动)使之溶解，于旋转蒸发仪上旋转，使磷脂的乙醇溶液在壁上成膜，减压除乙醇。加入同温的柠檬酸缓冲溶液30 mL，65~70℃水浴中水化10~20 min，取出脂质体于烧杯中，余下操作同“(一) 空白脂质体的制备”。

(2) 主动载药：准确量取2.0 mL空白脂质体、1.0 mL药液(3 mg/mL)、0.5 mL $NaHCO_3$溶液在振摇下依次加入10 mL西林瓶中，混匀，盖上塞，70℃水浴中保温20 min(定时摇动)，随后立即用冷水降温至室温，即得。

3. 注解

(1) 主动载药过程中，加药顺序一定不能颠倒，加三种液体时，随加随摇，确保混合均匀，保证体系中各部位的梯度一致。

(2) 水浴保温时，应注意随时轻摇，只需保证体系均匀即可，无需剧烈振摇。

(3) 冷水冷却的过程中应轻摇。

质量检查：粒子形态，最大粒径与最多粒径，药物的包封率。

附注：

(1) 柠檬酸缓冲溶液：称取柠檬酸10.5 g和柠檬酸钠7.0 g置于1 000 mL量瓶中，加水溶解并稀释至1 000 mL(pH约为3.8)，混匀，即得。

(2) $NaHCO_3$溶液：称取$NaHCO_3$ 50.0 g，置于1 000 mL量瓶中，加水溶解并稀释至1 000 mL(pH约为8.0)，混匀，即得。

(四) 盐酸小檗碱脂质体包封率的测定

1. 阳离子交换树脂分离柱的制备

取已处理好的阳离子交换树脂适量，装于底部已垫有少量玻璃棉(或多孔垫片)的5 mL注射器筒中(总量约4 mL刻度处)，加入PBS水化过的阳离子交换树脂，自然滴尽PBS，即得。

2. 柱分离度的考察

(1) 盐酸小檗碱与空白脂质体混合溶液的制备：精密量取 3 mg/mL 盐酸小檗碱溶液 0.5 mL，置小试管中，加入 1.0 mL 空白脂质体，混匀，即得。

(2) 对照溶液的制备：取(1) 中制得的混合溶液 0.1 mL 置 10 mL 量瓶中，加入 6 mL 95% 乙醇溶液，振摇使之溶解，再加 PBS 至刻度，摇匀，过滤，弃去初滤液，取续滤液 4.0 mL 于 10 mL 量瓶中，加(4) 项中的空白溶剂至刻度，摇匀，即得。

(3) 样品溶液的制备：取(1) 中制得的混合溶液 0.1 mL 至分离柱顶部，待柱顶部的液体消失后，放置 5 min，仔细加入 PBS(注意不能将柱顶部离子交换树脂冲散)，进行洗脱(需 2~3 mL PBS)，同时收集洗脱液于 10 mL 量瓶中，加入 95% 乙醇溶液 6.0 mL，振摇使之溶解，再加 PBS 至刻度，摇匀，过滤，弃取初滤液，取续滤液为样品溶液。

(4) 空白溶剂的配制：取 95% 乙醇溶液 30.0 mL，置 50 mL 量瓶中，加 PBS 至刻度，摇匀，即得。

(5) 吸收度的测定：以空白溶剂为对照，在 345 nm 波长处分别测定样品溶液与对照溶液的吸光度，计算柱分离度。分离度要求大于 0.95。

$$柱分离度 = 1 - [A_{样}/(A_{对} \times 2.5)]$$

式中：$A_{样}$为样品溶液的吸光度；$A_{对}$为对照溶液的吸光度；2.5 为对照溶液的稀释倍数。

注意：在进行柱分离度实验前，需要用空白脂质体对分离小柱进行饱和，具体操作如下：量取 0.2 mL 空白脂质体，置于分离小柱顶部，待柱顶部的液体消失后，用 5 mL PBS 进行洗脱，待液体滴尽即可。

3. 包封率的测定

精密量取盐酸小檗碱脂质体 0.1 mL 两份，一份置 10 mL 量瓶中，按“柱分离度的考察”项下(2) 进行操作，另一份置于分离柱顶部，按“柱分离度的考察”项下(3) 进行操作，所得溶液于 345 nm 波长处测定吸光度，按下式计算包封率。

$$包封率 = \frac{A_l}{A_t} \times 100\%$$

式中：A_l 为通过分离柱后收集脂质体中盐酸小檗碱的吸光度；A_t 为盐酸小檗碱脂质体中总的药物吸光度，$A_t = A_{样} \times 2.5$，2.5 为稀释倍数。

五、实验结果和讨论

(1) 绘制显微镜下脂质体的形态图。

(2) 记录显微镜下可测定的脂质体的粒径。

(3) 计算柱分离度与包封率。

脂质体检测结果：

脂质体类别	形态	最大粒径 /μm	最多粒径 /μm	备注
空白脂质体				
被动载药脂质体				
主动载药脂质体				

六、思考题

(1) 以脂质体作为药物载体的特点。请讨论影响脂质体形成的因素。

(2) 从显微镜下的形态上看,脂质体、乳剂、微囊之间有何差别?

(3) 如何提高脂质体对药物的包封?

(4) 如何选择包封率的测定方法? 本文所用的方法与分子筛法、超速离心法相比,有何优缺点?

(5) 请试着设计一个有关脂质体的实验方案。本实验方案还有哪些方面待改进?

七、实验结果参考

图 15 为以主动载药法制备的盐酸小檗碱脂质混悬液。

图 15 脂质混悬液

实验十三 药物的增溶与助溶

一、实验目的

(1) 掌握增溶与助溶的基本原理与基本操作。

(2) 熟悉常见的增溶剂与助溶剂。

(3) 了解影响药物增溶与助溶的因素。

二、实验原理

增溶、助溶和潜溶是药剂学中增加水中难溶性药物溶解度的方法。

增溶：药物 + 表面活性剂 → 胶团澄明溶液 → 澄明溶液

助溶：药物 + 第三物质 → 复合物、络合物、缔合物 → 澄明溶液

潜溶：药物 + 混合溶剂 → 溶解度达极大值 → 澄明溶液

三、实验内容

（一）增溶剂对难溶性药物的增溶作用

1. 吐温 -80 加入顺序对茶碱增溶的影响

(1) 取 50 mL 蒸馏水于 100 mL 烧杯中，加 100 mg 茶碱，搅拌 2 min，放置约 20 min，观察并记录茶碱的溶解情况。

(2) 取 50 mL 蒸馏水于 100 mL 烧杯中，加入 1 滴聚山梨酯 -80，搅拌均匀后，加 100 mg 茶碱，搅拌 2 min，放置约 20 min，观察并记录茶碱的溶解情况，计算药物的溶解度。

(3) 取 50 mL 蒸馏水于 100 mL 烧杯中，加 100 mg 茶碱，混匀，加入 1 滴聚山梨酯 -80，搅拌 2 min，放置约 20 min，观察并记录茶碱的溶解情况。

(4) 加 100 mg 茶碱于 100 mL 烧杯中，加入 1 滴聚山梨酯 -80，混匀，加蒸馏水 10 mL，搅拌 2 min，放置 20 min，观察并记录茶碱的溶解情况。

实验操作中注意各组的搅拌强度尽量一致，以便于比较。比较上述 4 组实验中茶碱的溶解速度和溶解量的差异。

2. 聚山梨酯的种类对布洛芬增溶的影响

取蒸馏水 50 mL 两份，分别置于 100 mL 烧杯中，分别加入 3~4 mL 的聚山梨酯 -20 或聚山梨酯 -40，搅拌均匀后，加布洛芬 100 mg，反复搅拌，放置约 20 min，观察两个体系增溶情况的区别。之后，采用 0.45 μm 微孔滤膜进行过滤，取滤液 0.5 mL，以蒸馏水稀释并定容至 100 mL，于波长 264 nm（或 273 nm）下测吸光度。空白参比液的配制：同量聚山梨酯，加水 50 mL 混匀，取 0.5 mL 稀释并定容至 100 mL 即得。根据测定结果比较两个体系中的药物增溶情况。

3. 温度对布洛芬增溶的影响

取蒸馏水 150 mL 两份，分别加入 3~4 mL 聚山梨酯 -80，搅拌均匀后，各加入布洛芬 100 mg，分别于室温或 55℃下恒温搅拌约 20 min，微孔滤膜过滤，之后按照上述方法测定布洛芬的增溶情况。并将结果与（二）进行比较。

（二）助溶剂对难溶性药物的助溶作用

称取茶碱三份（每份约 0.05 g）。

(1) 取茶碱一份放入烧杯中，加水 20 mL，搅拌，观察现象。

(2) 取茶碱一份放入烧杯中，加水 19 mL，搅拌，然后滴加乙二胺约 1 mL，观察现象。

(3) 取茶碱一份放入烧杯中，加入 0.05 g 烟酰胺后，加水约 1 mL，搅拌，再补加水至 20 mL，观察现象。

四、思考题

(1) 由实验结果分析与讨论影响水中难溶性药物增溶的主要因素。
(2) 由实验结果分析与讨论二乙胺、烟酰胺对茶碱助溶的可能机理。
(3) 请分析为何药物增溶时一般选择先将药物和增溶剂混合。
(4) 请举例说明液体制剂中常用的增溶剂和助溶剂。

第三部分
药物分析实验

实验一　反相高效液相色谱法测定三黄片中大黄素的含量

一、实验目的

(1) 掌握液相色谱法的基本原理及反相色谱的分离机理。
(2) 熟悉岛津安捷伦 1260 高效液相色谱仪的原理和操作。
(3) 掌握采用反相高效液相色谱法进行定性和定量分析的基本方法。

二、实验原理

液相色谱法发展初期是用大直径的玻璃管柱在室温和常压下用液位差输送流动相，称为经典液相色谱法，此方法柱效低、时间长(常有几个小时)。高效液相色谱法(high performance liquid chromatography，HPLC)是在经典液相色谱法的基础上，于 20 世纪 60 年代后期引入了气相色谱理论而迅速发展起来的。它与经典液相色谱法的区别是填料颗粒小而均匀，小颗粒具有高柱效，但会引起高阻力，需用高压输送流动相，故又称高压液相色谱法。一句话，高效液相色谱是以高柱效、小颗粒填料为载体，以高压泵为流动相驱动力，对物质进行快速分离和分析的方法。

高效液相色谱的分离过程是溶质在固定相和流动相之间进行的一种连续多次交换过程。它借溶质在两相间分配系数、亲和力、吸附力或分子大小不同而引起的排阻作用的差别使不同溶质得以分离。据估计，世界上几百万种化合物中除 20% 宜用气相色谱(GC)分离分析外，其余 80% 的化合物，包括大(高)分子化合物、离子型化合物、热不稳定化合物及有生物活性的化合物都可以用不同模式的 HPLC(正相 HPLC、反相 HPLC、离子交换色谱和离子色谱、体积排除色谱、亲和色谱等)进行分离分析。

三黄片中的主要成分是大黄，而大黄中的主要活性成分是大黄素，采用反相高效液相色谱法可以将三黄片中的大黄素与其他组分(如大黄酸、大黄素甲醚、大黄酚等)进行分离。本实验通过设置适宜的色谱条件，将浓度不同的大黄素标准溶液及待测溶液依次进入色谱系统，通过测定色谱图上的保留时间定性，确定大黄素的色谱峰。然后用峰面积作为定量测定的参数，采用标准曲线法测定三黄片中的大黄素的含量。

三、实验仪器与实验条件

1. 实验仪器

高效液相色谱仪，包括：流动相瓶、四元泵、自动进样器、柱温箱和二极管阵列 DAD 检测器。

2. 实验条件

色谱柱：CLC－ODS　4.6 mm × 250 mm (5 μm)；流动相：甲醇－0.1% 磷酸水溶液(体积比为 85∶15)；流速：2.0 mL/min；柱温：40℃；检测器：DAD，检测波长 254 nm。

四、实验内容

(1) 标准溶液的配制稀释：储备液大黄素(500 μg/mL)用甲醇配制，4℃下保存。对照品的工作溶液由储备液用甲醇稀释得到。

(2) 开启液相色谱仪，进入色谱工作站，设定仪器参数，平衡仪器。

(3) 标准曲线的绘制：分别吸取 0.1 mL、0.2 mL、0.4 mL、0.8 mL、1.2 mL 储备液大黄素(500 μg/mL)，用甲醇稀释定容至 10.0 mL，得到浓度为 5 μg/mL、10 μg/mL、20 μg/mL、40 μg/mL、60 μg/mL 的大黄素工作溶液。溶液经 0.45 μm 微孔滤膜过滤后进样，用大黄素的峰面积与对应的浓度作标准曲线，并计算回归方程和相关系数。

(4) 样品溶液的制备及测定：去糖衣粉碎后称取三黄片 0.400 0 g 左右，加 20% 的 H_2SO_4 溶液 1 mL，超声振荡 5 min，加入 30 mL 氯仿，水浴加热回流 2 h。冷却到室温，过滤除去残渣，用氯仿多次洗涤，合并氯仿液并蒸馏回收氯仿后，用甲醇溶解残渣并定容到 25 mL 得原始样品溶液。分别取原始样品溶液两份各 5 mL，一份直接用甲醇定容到 10 mL 得到样品溶液；另一份加入 0.2 mL 储备液大黄素(500 μg/mL)后再用甲醇定容到 10 mL 得到加标溶液。分别过滤后进样，通过标准品的保留时间、样品溶液与加标溶液的谱图比较，确认大黄素的峰，根据其峰面积从工作曲线上即可求出三黄片中大黄素的含量及加样回收率。

五、思考题

(1) 反相色谱与正相色谱的区别是什么？出峰的顺序如何？

(2) 反相色谱中，水相和有机相对分离有什么影响？

(3) 色谱进样前的样品为什么要过滤？

(4) 简述高效液相色谱法定性、定量分析的原理。

实验二　气相色谱法测定酊剂中的乙醇含量

一、实验目的

(1) 熟悉气相色谱内标法测定物质含量的方法。

(2) 了解气相色谱法在药物分析中的应用。

二、实验原理

(一) 色谱内标法

内标法是一种间接或相对的校准方法。在分析测定样品中某组分含量时,由于气相色谱法在操作条件上容易引起波动,影响测定结果。因此,加入另一种内标物质以校准和消除出于操作条件的波动,提高分析结果的准确度。

(二) 内标物质的选择原则

(1) 内标物能够与样品组分互溶;

(2) 内标物和样品组分之间不发生化学反应;

(3) 内标物性质稳定,不易变质;

(4) 内标物能够与样品组分在一定的色谱条件下同时分离和检测。

(三) 色谱法原理及校正因子

一定质量的某种组分在色谱中分离检测后,该组分被检测器检测的信号(色谱峰高、峰面积)强度与组分的质量有一定的比例关系。但是,不同的组分由于化学结构不同、检测器的响应不同,会有不同的信号强度。因此,用校正因子f,表示不同物质在一定的色谱分离条件下,组分质量与检测信号的关系。

$$f=\frac{m}{A}$$

式中:f为校正因子;A为色谱峰面积;m为组分的质量。

当使用内标法时,样品(s,sample)和内标物(i,internal standard)的比值称为相对校正因子f_r。

$$f_r=\frac{f_s}{f_i}=\frac{m_s/A_s}{m_i/A_i}=\frac{m_s}{m_i}\cdot\frac{A_i}{A_s}$$

通过配置内标物和分析物的标准溶液进行色谱分析检测,求出相对校正因子f_r,然后在分析样品中加入相应的内标物质,在相同的色谱条件下进行色谱分析检测,根据如下公式计算样品的质量。

$$m_s=f_r\frac{m_i\cdot A_s}{A_i}$$

三、实验仪器与试剂

仪器：气相色谱仪、分流进样、毛细管色谱柱、FID 检测器、微量进样器、分析天平、称量瓶、容量瓶。

试剂：无水乙醇（AR）、正丙醇（AR）、酊剂（样品）。

四、实验内容

1. 系统适应性试验

精密称量无水乙醇 5 mL，加入正丙醇 5 mL，加水稀释至 100 mL，摇匀，取 0.05 μL，各进样 3 次，应符合下述要求：

(1) 用正丙醇计算的塔板数应大于 700；

(2) 乙醇与正丙醇两峰的分离度应大于 2。

2. 标准溶液的制备

准确量取无水乙醇 4.0 mL、5.0 mL、6.0 mL，分别加入 5.0 mL 正丙醇于 100 mL 容量瓶中加水稀释、摇匀，取上述三份溶液 0.05 μL 各进样 2 次，记录色谱分离后的峰面积、保留时间等参数。计算相对校正因子 f_r(6 次，取平均值)。

3. 样品测定法

量取 1.0 mL 云南白药酊剂于称量瓶中，称量后，转移至 50 mL 容量瓶中，再准确量取 1.0 mL 正丙醇于容量瓶中，加水稀释至刻度、摇匀。取上述混合溶液 0.05 μL 进样 3 次，记录色谱分离后的峰面积、保留时间等参数，计算云南白药酊中的乙醇含量(3 次，取平均值)。

五、思考题

(1) 气相色谱分析中有哪几种定量方法？试简单阐述各方法的优缺点。

(2) 气相色谱仪包括哪几个主要部件？

(3) 气相色谱仪的常见检测器有哪些？

(4) 内标法定量时，内标的选择原则有哪些？

实验三 维生素 B_2 的定性定量分析

一、实验目的

(1) 熟悉维生素 B_2 片的鉴别实验。

(2) 掌握紫外分光光度法（E 值测定法）测定含量的原理和方法。

(3) 熟悉 1700 型分光光度计的使用。

二、实验内容

1. 鉴别实验

取本品细粉适量(约相当于维生素 B_2 1 mg),加水 100 mL,振荡,浸渍数分钟,过滤,滤液在透射光下显淡黄绿色并有强烈的黄绿色荧光;分成两份,一份中加入无机酸或碱溶液,荧光消失;另外一份加连二亚硫酸钠结晶少许,摇匀后,淡黄绿色消失,荧光也消失。

2. 含量测定

取本品 20 片,精密称定,研细,精密称取适量(约相当于维生素 B_2 10 mg),置于 1 000 mL 容量瓶中,加冰醋酸 5 mL 与水 100 mL,置水浴加热 1 h,并时时振摇,使维生素 B_2 溶解,加水稀释,冷却后加 4% 氢氧化钠溶液 30 mL,用水稀释至刻度,摇匀,过滤;取滤液在 444 nm 波长处测定吸光度($E_{1\,cm}^{1\%}$ 按 323 计算含量),即得。

注释:维生素 B_2 溶液容易变质,在碱性溶液或遇光则变质加速,务必避光操作。将上述待测液避光下放置 1 h 再测定,比较结果。

三、思考题

(1) 简述紫外可见分光光度法定性定量分析的基本原理。
(2) 维生素 B_2 在紫外光区是否有吸收,为什么?
(3) 实验为何选择 444 nm 作为测定波长?
(4) 本实验量取各种试剂时应采用何种量器较为合适?为什么?

实验四　荧光光谱法测定阿司匹林中的乙酰基水杨酸

一、实验目的

(1) 掌握荧光光谱法的基本原理。
(2) 熟悉荧光光谱法的测定方法和仪器原理。
(3) 熟悉用荧光光谱法进行多组分含量的测定。

二、实验原理

1. 荧光光谱法的基本原理

处于基态的分子吸收适当能量(光能、电能、化学能、生物能等)后,其价电子从成键轨道或非键轨道跃迁到反键轨道上去,这就是分子激发态产生的本质。分子激发态不稳定,将很快衰变到基态。激发态在返回基态时常伴随光子的辐射，辐射跃迁通常涉及荧光、延迟荧光或磷光。

基态分子吸收光能受激后处于 S_n 态的分子，通过振动弛豫（VR）和内转换（IC）过程失活到 S_1 态的最低振动能级。若再伴随着光子的发射返回到 S_0 的各振动能级，即 S_1 至 S_0 跃迁过程得到荧光，此过程发射光子的能量，即荧光发射波长 λ，对应于最低振动能层 S_1 与基态 S_0 各振动能层之间的能量差。荧光过程的单线态跃迁中，受激电子的自旋状态不发生变化。若处于 S_1 态的分子基于自旋－轨道耦合作用，通过系间窜跃（ISC）过程，由单线态的 S_1 态转入三线态 T_1 态，继而通过 VR 过程弛豫到 T_1 态的最低振动能层，由此激发态跃迁回基态时便发射磷光，如图 16 所示。

在一定光源强度下，若保持激发波长 λ_{ex} 不变，扫描得到的荧光强度与发射波长 λ_{em} 的关系曲线，称为荧光发射光谱；反之，若保持 λ_{em} 不变，扫描得到的荧光强度与激发波长 λ_{ex} 的关系曲线，则称为荧光激发光谱。

对低浓度溶液样品而言，一定 λ_{ex} 和 λ_{em} 条件下测得的荧光强度 I_f 表示为

$$I_f=2.303I_0\phi_f\kappa cb$$

式中：ϕ_f 为荧光量子产率；I_0 为激发光强度；b 为液池厚度；κ 为发光物质的摩尔吸收系数；c 为发光物质的物质的量浓度。因此，在一定条件下，荧光强度 I_f 与其物质的量浓度成正比，这是荧光定量分析的理论基础。

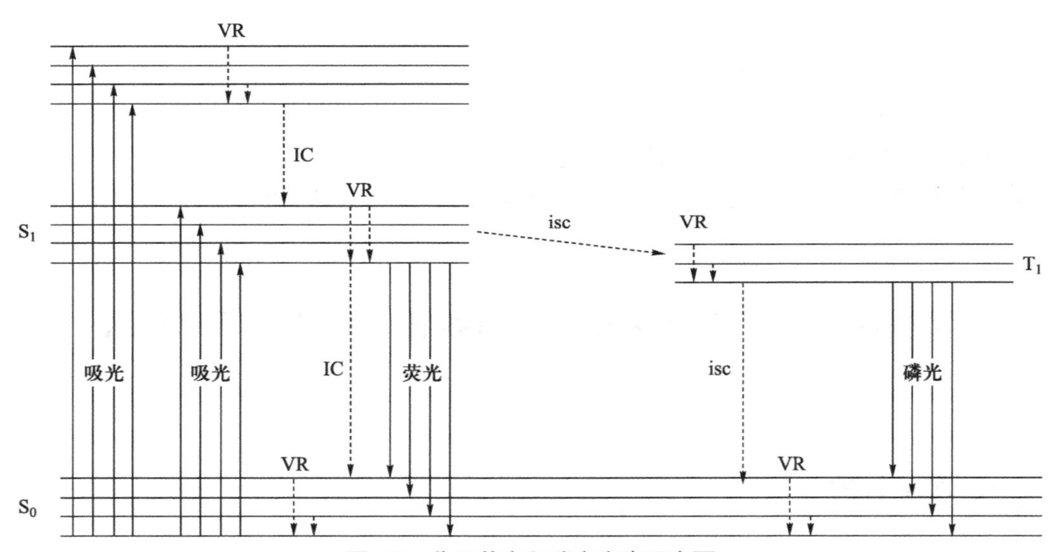

图 16 分子荧光和磷光产生示意图

2. 仪器的工作原理

一般的荧光分光光度计与紫外分光光度计类似，由光源、单色器、样品池、光电倍增管、读出（记录）装置所组成，但光源不同。荧光分光光度计多采用高压汞灯、氙灯和激光光源。

工作原理：光源光束经第一单色器（激发光单色器）后，得到所需要的激发波长。设其强度为 I_0，通过样品池后，一部分光线被样品吸收，故其透射光强度减为 I，荧光物质被激发后，将向四面八方发射荧光，为了消除入射光及散射光的影响，荧光的测量在与激发光成直角的方向上进行，由样品发出的荧光经第二单色器色散后照射于光电倍增管，光电倍增管把荧光

强度信号转化成电信号并经放大器放大后于记录器读出。其工作原理如图 17 所示。

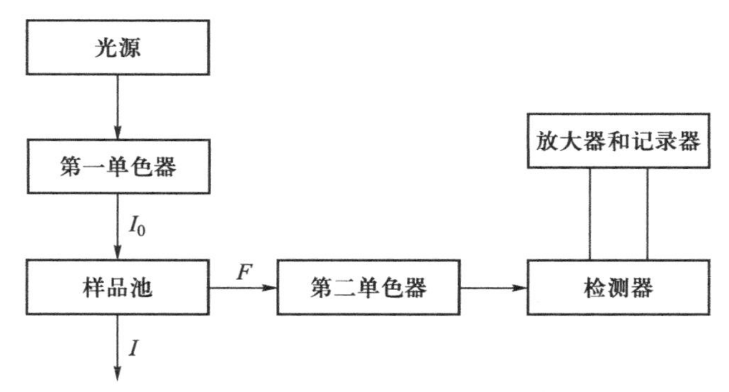

图 17　荧光分光光度计结构示意图

3. 方法原理

荧光通常发生于具有 π – π 电子共轭体系的分子中。乙酰基水杨酸含一个能发射荧光的苯环，在 pH = 12 的碱性溶液中，在 300 nm 附近紫外光的激发下会发射荧光；研究表明：其浓度在 0~12 μg/mL 范围内与荧光强度呈良好线性关系。因此，在这个测定条件下，利用荧光强度与浓度成正比的关系对阿司匹林药片中的乙酰基水杨酸进行定量分析。

通过测量荧光的强度，可用于定量测定许多有机和无机物质，它已成为一种很有用的分析方法。荧光光谱法具有以下优点：

(1) 灵敏度高，测定下限比紫外 – 可见吸光光度法低 2~4 个数量级，在 10^{-6}~10^{-9}g 之间。

(2) 选择性高，比紫外 – 可见吸光光度法的选择性好。

(3) 方法快速、简便、重现性好、取样量少，甚至可将样品直接在紫外光照射下进行测定。

但是它的应用仍不如吸光光度法广泛，其原因在于仅有限数量的物质会产生荧光。同时，测定时干扰因素较多，如干扰化合物、溶剂、温度、溶液 pH 和放置时间等，它们都会影响荧光强度。因此在测定时对这些因素都应严格控制。

三、实验仪器与试剂

仪器：F—7000 荧光分光光度计(附石英液槽一只)、10 mL 比色管、移液管、漏斗、100 mL 烧杯、250 mL 烧杯、称量瓶、研钵。

试剂：60 μg/mL 乙酰基水杨酸标准溶液、0.1 mol/L NaOH 水溶液。

四、实验内容

1. 配制系列标准溶液及未知样品溶液

(1) 样品溶液的制备：取阿司匹林药片 2 片于研钵中，研细后，在分析天平上准确称取 0.04~0.06 g 样品一份，加 70 mL 蒸馏水溶解并移至 100 mL 的烧杯中，过滤除去不溶物，滤液滤至 250 mL 的容量瓶中，用蒸馏水稀释至刻度，摇匀，备用。

(2) 分别移取 0.40 mL、0.80 mL、1.20 mL、1.60 mL 和 2.00 mL 乙酰基水杨酸标准溶液

(60 μg/mL)于已编号的 10 mL 比色管中，各加入 1.2 mL 0.1 mol/L NaOH 水溶液，用蒸馏水稀释至刻度，摇匀，备用。

(3) 取已制备好的样品溶液 2.0 mL 三份于三个 10 mL 比色管中，各加入 1.2 mL 0.1 mol/L NaOH 水溶液，用蒸馏水稀释到刻度，摇匀，备用。

2. 测定

(1) 激发光谱和发射光谱测定：测定实验内容 1(2) 中第三小份溶液的激发光谱和发射光谱，先固定发射波长为 400 nm，在 200~800 nm 进行激发波长扫描。获得溶液的激发光谱和荧光最大激发波长 λ_{ex}^{max}；再固定最大激发波长；在 200~800 nm 进行发射波长扫描，获得溶液的发射光谱和荧光最大发射波长 λ_{em}^{max}。此时，在激发光谱 λ_{ex}^{max} 和发射光谱 λ_{em}^{max} 处的荧光强度应基本相同。

(2) 荧光强度测定：根据上述激发光谱和发射光谱扫描结果，在荧光最大激发波长 λ_{em}^{max} 和荧光最大发射波长 λ_{em}^{max} 处测标准溶液及样品溶液的荧光强度 I_f。

3. 数据处理

以各标准溶液的 I_f 为纵坐标，以乙酰基水杨酸标准溶液的浓度为横坐标绘制标准工作曲线。由标准工作曲线上确定样品溶液中乙酰基水杨酸的质量浓度(μg/mL)，并计算出每一片药片中乙酰基水杨酸的质量。

五、思考题

(1) λ_{ex}^{max} 和 λ_{em}^{max} 各代表什么？为什么对某种组分，其 λ_{ex}^{max} 和 λ_{em}^{max} 处荧光强度应基本相同？

(2) 从本实验可总结出几条影响物质荧光强度的因素？

(3) 阿司匹林药片中乙酰基水杨酸的含量测定方法有哪些？

(4) 影响荧光分析的主要因素有哪些？

实验五 红外吸收光谱法对葡萄糖的定性分析

一、实验目的

(1) 熟悉常见基团的特征吸收，能鉴别化合物的饱和性，对简单结构的物质能利用红外吸收光谱法进行解析推断。

(2) 掌握仪器的操作要点与制样技术。

二、实验原理

1. 红外吸收光谱法的基本原理

物质的分子是由原子组成，各原子之间由电子云形成化学键。双原子分子化学键的振动形式可模拟谐振动，而多原子分子化学键也可以近似成若干个谐振子，其振动频率 v，化学键力常数 k 与原子质量 m_A、m_B 符合函数：

$$v=\frac{1}{2\pi}\sqrt{\frac{k}{m_A \cdot m_B / (m_A+m_B)}}$$

当分子发生振动能级跃迁时，要吸收一定能量，该能量可由光源发出的红外线供给，由于振动能量是量子化的，所以分子振动只吸收一定能量。对双原子分子来说，这种吸收的能量取决于化学键力常数 k，与两端连接的原子的折合质量 μ，取决于分子内部的结构特征，这是红外吸收光谱法鉴定化合物的理论依据。

红外吸收光谱法着重研究分子结构与红外吸收曲线的关系，红外吸收光谱图提供了分子振动的信息，直接或间接反映分子的内部结构特征。每种化合物都有自己的红外吸收光谱。因此，红外吸收光谱法可用于鉴定有机、无机、离子及分子化合物，和复杂结构的天然及人工合成产物。

2. 实验原理

红外吸收光谱法是物质定性的重要方法之一。它的解析能够提供许多关于官能团的信息，可以帮助确定部分乃至全部分子类型及结构。其定性分析有特征性高、分析时间短、需要的样品量少、不破坏样品、测定方便、分析成本低等优点。

本实验中，当葡萄糖（$C_6H_{12}O_6$）受到红外吸收光谱照射，分子吸收某些频率的辐射，其分子振动和转动能级发生从基态到激发态的跃迁，使相应的透射光强度减弱。以红外光的透射比对波数或波长作图，就可以得到葡萄糖的红外吸收光谱图。再通过与标准品谱图进行对照的方法即可对葡萄糖样品进行定性分析。

葡萄糖结构如下所示：

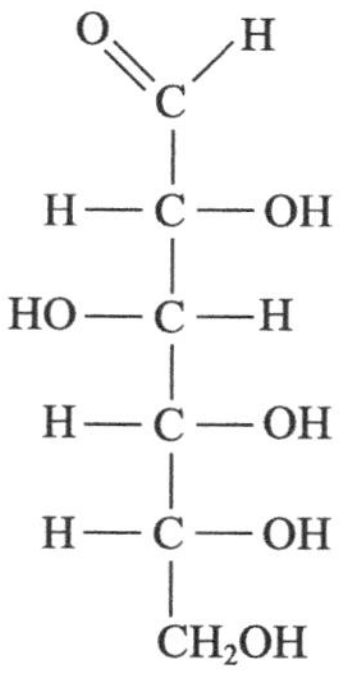

```
   O    H                 O    H
    \\ /                   \\ /
     C                      C
     |                      |
 H — C — OH            HO — C — H
     |                      |
HO — C — H              H — C — OH
     |                      |
 H — C — OH            HO — C — H
     |                      |
 H — C — OH            HO — C — H
     |                      |
    CH2OH                  CH2OH
```

D-葡萄糖（D-Glucose）　　L-葡萄糖（L-Glucose）

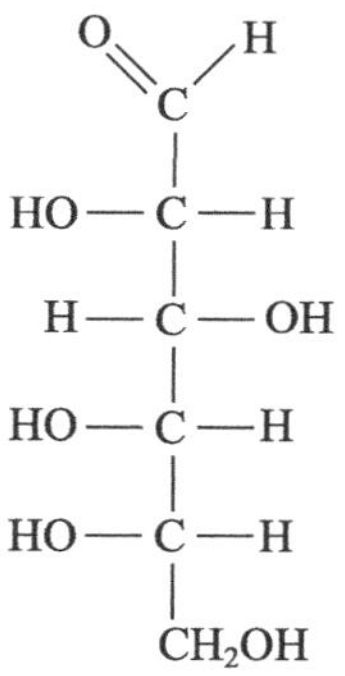

三、实验仪器与试剂

仪器：FT—IR 红外光谱仪、不锈钢压片模具一套。

试剂：溴化钾，葡萄糖标样（AR）和样品 1、2、3（可能含有或不含有葡萄糖）。

四、实验内容

制样

(1) 用具:玛瑙研钵、药匙、压模及其附件、溴化钾粉料、压片机、红外灯。

(2) 样品:葡萄糖标样和样品。

将固体样品先在玛瑙研钵中粉碎磨细,加入溴化钾粉料,继续研磨,直到磨细并混合均匀。将已磨好的物料加到压片专用的模具上,合上模具在压片机上加压到25~30 MPa,并维持1 min。取出压成片状的物料,装入样品架待测。

(3) 样品用量:样品的用量比例一般为(0.5~2):100,压片厚度在0.5~1 mm。

(4) 测样:红外光谱分析仪先预热30 min,然后再进行测定。

要求:① 对葡萄糖标样进行红外吸收光谱法分析;② 对葡萄糖样品1、2、3进行红外吸收光谱法分析;③ 对照谱图,对葡萄糖样品1、2、3进行定性分析。

五、思考题

(1) 简述红外吸收光谱法进行定性分析的理论依据。

(2) 红外吸收光谱法针对液体、固体及气体样品有哪些主要的样品处理技术?

(3) 本实验在样品的制备过程中应注意哪些问题才能得到高质量的谱图?

(4) 为什么葡萄糖的标准谱图中没有羰基吸收峰?

综合篇

实验一

贝诺酯片剂的制备及质量评价

1. 贝诺酯原料药的合成

一、实验目的

(1) 学习二氯亚砜在制备酰氯化合物中的应用。

(2) 通过本实验了解汇聚式合成在药物化学中的应用。

(3) 了解酯化反应在药物化学结构修饰中的应用。

二、实验原理

贝诺酯为阿司匹林与扑热息痛的酯化产物,系一新型的消炎、解热、镇痛、治疗风湿病的药物。不良反应较阿司匹林小,患者易于耐受。主要用于治疗类风湿性关节炎、急慢性风湿性关节炎、风湿痛、感冒发烧、头痛、手术后疼痛、神经痛等。合成路线如下:

$SOCl_2$

NaOH

贝诺酯

三、实验仪器与试剂

仪器：三口烧瓶、球形冷凝管、漏斗、电热套、滴液漏斗、烧杯、圆底烧瓶、旋转蒸发仪、色谱柱。

试剂：乙酰水杨酸、*N*,*N*-二甲基甲酰胺（DMF）、二氯亚砜、丙酮、水、氢氧化钠、对乙酰氨基酚、乙酸乙酯、无水硫酸镁、石油醚、柱色谱硅胶。

四、实验内容

方法一：

1. 乙酰水杨酰氯的制备

在室温条件下，取 1 g 乙酰水杨酸（相对分子质量 180.16）加入装有 10 mL 干燥 CH_2Cl_2 溶液的三口烧瓶中，乙酰水杨酸不溶于二氯甲烷，为悬浊液，在搅拌下向溶液中慢慢滴加 0.94 mL 的草酰氯（相对分子质量 126.93，密度 1.5 g/mL），装上冷凝管和吸收尾气的装置。搅拌 30 min 后，向反应液中滴加 20 L 干燥的 DMF（新购置，0.4 nm 分子筛干燥，密度 0.945 g/mL），产生大量气泡，溶液变为乳白色溶液。反应液继续在室温条件下搅拌 6 h。反应结束后（溶液变黄），在减压条件下除去溶剂，得到橙黄色固体备用。

2. 贝诺酯的制备

在 100 mL 的圆底烧瓶中加入 453 mg（3 mmol）对乙酰氨基酚（相对分子质量 151.16），并用 10 mL 二氯甲烷溶解，接着向溶液中加入 843 μL 三乙胺（相对分子质量 101.19，密度 0.728 g/mL），溶液变混浊，在 0℃搅拌条件下慢慢滴加 713 mg 的乙酰水杨酰氯（相对分子质量 198.01），溶液变为橙黄色溶液并产生大量白烟。反应液慢慢升温到 20℃，TLC 检测反应。反应完成后，得到橙黄色浊液。向反应液中加入 10 mL 水，下层为橙黄色澄清溶液，上层为黄色浊液。用 10% 的氢氧化钠溶液调节溶液 pH 约为 10，下层变为橙黄色浊液，上层变为黄色澄清溶液。萃取后分离其中的有机层，水层再用 10 mL 二氯甲烷萃取一次，下层为黄色澄清溶液，上层为橙黄色澄清溶液，合并有机层。向有机层中加入 20 mL 水，上层为无色，下层为黄色浊液，用 1% 盐酸调节 pH 约为 1，上层为浅黄色溶液，下层无色，萃取分出有机层，水层再用 20 mL 二氯甲烷萃取一次，下层无色，上层为浅黄色溶液，合并有机层，得到黄色溶液，干燥过滤后，减压除去溶剂，得到淡黄色的贝诺酯粗品。将该粗品用乙醇加热刚好溶解，放置析晶，得到白色结晶性粉末。过滤，干燥，称量，计算产率。

方法二：

在冰水浴的条件下，向 100 mL 的圆底烧瓶中加入 20 mL 二氯甲烷，然后加入 1 g 乙酰水杨酸（相对分子质量 180.16），1.26 g 二环已基碳二亚胺（DCC，相对分子质量 206.33），10%（摩尔分数）的 4-二甲氨基吡啶（DMAP，相对分子质量 122.17，67.8 mg），该混合物在室温条件下搅拌 10 min 后，加入 0.84 g 的对乙酰氨基酚（相对分子质量 151.16），反应过夜。反应过程中溶液逐渐变混浊并产生白色固体。通过 TLC 检测反应进程。反应完成后，用 1% 盐酸调节 pH 1，萃取分出有机层，水层再用 20 mL 二氯甲烷萃取一次，合并有机层，干燥过滤后，减压除去溶剂，得贝诺酯的粗品。将粗品用乙醇加热刚好溶解，室温下放置，慢慢析出无色结晶，过滤，干燥，得到高纯度的贝诺酯。

五、注意事项

由于草酰氯对于呼吸系统具有较强的刺激作用，所以，取用草酰氯必须在通风橱里进行。

六、思考题

(1) 做乙酰水杨酸酰氯一步中，尾气是什么？设计一个简易的气体吸收装置。
(2) DMF 在反应过程中起到什么作用？
(3) 贝诺酯的制备过程是采用什么原理来提纯产物的？
(4) 试比较方法一和方法二的优缺点。
(5) 试阐述方法二的反应机理。

贝诺酯的核磁共振谱图：

参考文献：

2. 贝诺酯颗粒剂和片剂的制备

一、实验目的

(1) 掌握贝诺酯颗粒剂制备的工艺和操作要点。
(2) 掌握贝诺酯片剂制备的工艺和操作要点。
(3) 熟悉颗粒剂和片剂的初步质量评价方法。

二、实验原理

贝诺酯为阿司匹林与扑热息痛的酯化产物，作为消炎、解热、镇痛、治疗风湿病的药物。贝诺酯不良反应较阿司匹林小，病人易于耐受。主要用于类风湿性关节炎、急慢性风湿性关节炎、风湿痛、感冒发烧、头痛、手术后疼痛、神经痛等。由于该药物口服后在胃肠道不被水解，易吸收并迅速在血中达到有效浓度，并且胃肠刺激性不大，因此适合制备为颗粒剂。并且热水冲服的方式也是很多使用解热镇痛药患者喜欢的服药方式。贝诺酯上市剂型主要有片剂、胶囊、颗粒剂、分散片、咀嚼片、散剂等。

本实验将贝诺酯制备成颗粒剂并分装，每袋内容物为2.5 g，其中含有贝诺酯0.5 g。同时制备规格为0.5 g/片的贝诺酯片剂。

三、实验内容

(一) 贝诺酯颗粒剂的制备

1. 处方

贝诺酯	10 g
蔗糖	25 g
糊精	15 g
十二烷基硫酸钠	0.1 g
制成颗粒剂	20袋

2. 操作

(1) 将原料药、蔗糖、糊精、十二烷基硫酸钠用研钵研细。

(2) 将研成细粉的原料药、蔗糖、糊精、十二烷基硫酸钠混合均匀，并加入适量30%乙醇溶液作为润湿剂，捏制软材。

(3) 将制备好的软材通过16目筛网制颗粒。

(4) 将湿颗粒平整地铺在不锈钢盘上，放入50℃烘箱中干燥。

(5) 使用14目筛网对得到的干颗粒进行整理。

(6) 采用热封口机将铝塑复合膜制备为小袋，向其中分装入规定质量的贝诺酯颗粒剂，再进行热封口。

(二) 贝诺酯颗粒剂的质量检查

对于颗粒剂而言，其质量检查一般包括外观形状、微生物限度、水分、粒度、装量差异、溶化性等。本实验进行下列项目的检查：

(1) 外观形状检查：将颗粒剂平铺在白色纸上，于光线充足处观察是否有颜色不均匀、焦化的颗粒，以及异物。

(2) 粒度检查：采用双筛分法测定，不能通过一号筛和能通过五号筛的总和不超过15%。

(3) 装量差异检查：取供试品10袋，除去包装后精密称定内容物质量，求算出平均装量，每袋装量与平均装量比较，查出装量差异限度的不得多于2袋，并且不得有1袋超出装量差异限度一倍。

平均装量或标示装量	装量差异限度
1.0 g及以下	±10%
1.0 g以上至1.5 g	±8%
1.5 g以上至6.0 g	±7%
6.0 g以上	±5%

(4) 溶化性:取供试品 10 g,加热水 200 mL,搅拌 5 min,立即观察,应该全部溶化或轻微混浊。

(三) 贝诺酯片剂的制备

1. 处方

贝诺酯	50 g
糊精	5 g
淀粉	15 g
羧甲基淀粉钠	3 g
十二烷基硫酸钠	0.5 g
微粉硅胶	0.16 g
10% 淀粉浆	适量
制成片剂	100 片

2. 制法

(1) 粉碎:将贝诺酯、糊精、淀粉、羧甲基淀粉钠、十二烷基硫酸钠分别用研钵研细后过 80 目筛待用。

(2) 捏合制软材:将研成细粉的贝诺酯、糊精、淀粉、十二烷基硫酸钠、羧甲基淀粉钠(处方量的 1/2)混合均匀,加入适量 10% 淀粉浆,捏合制作软材。

(3) 制湿颗粒:将软材通过 16 目筛网制湿颗粒。

(4) 干燥:将得到的湿颗粒均匀铺在不锈钢盘上,放入烘箱,55℃干燥。

(5) 整粒:将干颗粒通过 14 目筛整粒,加入微粉硅胶以及剩余量羧甲基淀粉钠拌匀。

(6) 压片:将干颗粒放入压片机料斗,调整压片机片重、片厚调节机构,压片,密封保存。

(四) 贝诺酯片剂的质量检查

(1) 外观评价:在光照充足处,观察所制备的片剂的外观,是否有缺角、裂片、表面不光滑等情况,颜色是否均匀。

(2) 片重差异:从制备样品中选取 20 片外观良好且均一的,精密称定总质量,计算平均片重,之后,精密称定其中每一片的质量。计算每一片的质量与平均片重的波动差异。

$$\text{片重差异}/\% = \frac{\text{单片质量} - \text{平均片重}}{\text{平均片重}} \times 100\%$$

药典规定,0.3 g 以下的药片的片重差异限度为 ±7.5%;0.3 g 或 0.3 g 以上者为 ±5%,且超出片重差异限度的药片不得多于 2 片,并不得有 1 片超过限度的 1 倍。

(3) 崩解时限:取药片 6 片,分别置于吊篮的玻璃管中,每管各加 1 片,吊篮浸入盛有 (37±1) ℃水的 1 000 mL 烧杯中,开动电动机按一定的频率和幅度往复运动(每分钟 30~32 次)。从片剂置于玻璃管时开始计时,至片剂全部崩解成碎片并全部通过管底筛网止,该时间即为该片剂的崩解时间,应符合规定崩解时限。如 1 片崩解不全,应另取 6 片复试,均应符合规定。

四、注意事项

(1) 制剂规格和处方中的原辅料用量是参照市售产品规格确定,如果合成的原料药不足，可以减少处方中原料药的比例。

(2) 润湿剂的作用是使得蔗糖、糊精、淀粉等辅料在潮湿情况下产生黏性，常用润湿剂为水或不同浓度的乙醇。加入润湿剂时需控制用量和混合的均匀度，以防止软材整体或局部黏度过大，这会导致软材在过筛时发生黏筛现象。如果使用一些含有较多黏性原料药(如含有较多多糖的中药浸膏或浸膏粉)或辅料制备颗粒剂，则为了防止软材黏性不至于过大，往往会采用较高浓度的乙醇作为润湿剂。在颗粒剂的制备中，蔗糖在水润湿时黏性过大，因此采用 30% 乙醇作为润湿剂以获得适宜的黏性。

(3) 由于操作温度会影响物料的黏性和润湿剂的挥发速度，所以润湿剂用量需要根据实际情况灵活调整，调整的原则是保证软材在制粒时既不容易黏筛，也不会由于过分干燥而得到较多细粉。黏合剂使用时的注意事项与润湿剂类似。

(4) 由于贝诺酯中具有酯键，在湿热情况下容易降解，因此湿颗粒的烘干温度不宜过高，且软材捏合和制备湿颗粒的过程耗时不应该过长，以防药物降解。处方中加入十二烷基硫酸钠改善药物溶出。

(5) 根据需要，处方中还可以添加颜色添加剂、香精等。

(6) 铝塑复合膜热封机的温度需要和所用铝塑复合膜一致，一般在 200℃左右可获得较好效果。操作时需要注意机器的加热部件的位置，以防烫伤。

(7) 颗粒剂的溶化性检查中，按照可溶颗粒、泡腾颗粒和混悬型颗粒的分类，从而设定不同的检查项。由于贝诺酯在水中难溶，因此属于混悬颗粒，应该检查释放度和溶出度更为合理。

五、实验结果和讨论

(1) 对贝诺酯颗粒剂进行初步质量检查，给出结果。

(2) 对贝诺酯片剂进行初步质量检查，给出结果。

六、思考题

(1) 请说明贝诺酯片剂处方中各个辅料的作用。

(2) 请查阅文献，说明颗粒剂制备中选择糊精和选择淀粉带来的差异。

(3) 如果本实验的贝诺酯颗粒剂拟用于糖尿病患者，应该如何设计处方？

(4) 如果得到的贝诺酯片剂崩解延迟，试分别从处方和工艺两方面寻找原因和解决对策。

3. 贝诺酯片剂的质量评价

一、实验目的

(1) 掌握片剂药品的质量评价方法。

(2) 掌握利用高效液相色谱法对贝诺酯片剂进行定性、定量分析的原理。

(3) 掌握贝诺酯片剂的质量评价实验操作条件与要点。

二、实验原理

贝诺酯片剂加甲醇溶解、稀释、过滤,滤液经 C_{18} 反相色谱柱分离。用二极管阵列检测器(240 nm)检测,外标法定量。贝诺酯片剂含贝诺酯($C_{17}H_{15}NO_5$)应为标示量的95.0%~105.0%。

三、实验仪器与条件

仪器:高效液相色谱仪,包括:流动相瓶、四元泵、自动进样器、柱温箱和二极管阵列DAD检测器。

条件:色谱柱:CLC-ODS　4.6 mm×250 mm(5 μm);流动相:水(用磷酸调节pH至3.5)-甲醇(体积比为44∶56);流速:1.0 mL/min;柱温:40℃;检测器:DAD,检测波长:240 nm;进样量:10 μL。

四、实验内容(《中国药典》2015年版第二部)

1. 标准溶液的配制及稀释

(1) 贝诺酯标准溶液(临用新制):准确称取0.004 0 g贝诺酯标准品,用甲醇溶解并定容至10 mL,得到浓度为0.4 mg/mL的贝诺酯标准溶液,进样前经0.45 μm微孔滤膜过滤。

(2) 贝诺酯样品溶液(临用新制):取本品10片,精密称定,研细,精密称取细粉适量(约相当于贝诺酯20 mg),加甲醇溶解并稀释制成每1 mL中约含贝诺酯0.4 mg的溶液,过滤,取续滤液作为供试品溶液,进样前经0.45 μm微孔滤膜过滤。

2. 定性识别

将贝诺酯标准溶液及样品溶液分别进样分析,记录的色谱图中贝诺酯样品溶液主峰的保留时间应与贝诺酯标准溶液主峰的保留时间一致。样品溶液色谱图中如有与对照品溶液主峰保留时间一致的色谱峰,其峰面积不得大于对照品溶液主峰面积的0.2倍(0.2%),其他单个杂质峰面积不得大于对照品溶液主峰面积(1.0%),各杂质峰面积的和不得大于对照品溶液主峰面积的 1.5 倍(1.5%)。

3. 杂质检测

将贝诺酯标准溶液进样分析,理论板数按贝诺酯峰计算不低于 3 000;将贝诺酯样品溶液进样分析,贝诺酯峰与相邻杂质峰之间的分离度应大于 1.5。

4. 含量测定

照高效液相色谱法(通则 0512)测定。

将贝诺酯标准溶液及样品溶液分别进样分析,记录色谱图,按外标法以峰面积计算贝诺酯片剂中贝诺酯的含量。

五、计算公式

1. $n=16\left(\frac{t_R}{W}\right)^2$

2. $R=\frac{2\times(t_{R2}-t_{R1})}{W_1+W_2}$

3. 含量 $c_x=c_R\cdot\frac{A_x}{A_R}$

六、思考题

(1) 对贝诺酯片剂进行质量评价时,可以采用哪些不同的仪器分析方法?这些方法各有什么特点?

(2) 采用高效液相色谱法测定贝诺酯片剂含量时,应注意哪些基本实验条件及操作注意点?

(3) 采用仪器分析方法分析检测贝诺酯片剂和颗粒剂含量时,有哪些异同?

(4) 2015 年版《中国药典》采用高效液相色谱法测定贝诺酯片剂含量,请说明测定的原理及测定方法的特点。

实验二

丙谷胺片剂的制备及质量评价

1. 丙谷胺原料药的合成

一、实验目的

(1) 学习酰胺和酸酐的制备方法。
(2) 掌握丙谷胺片剂的制备。
(3) 学习氨解反应。

二、实验原理

丙谷胺是1984年研制的治疗溃疡药物。它具有抗胃泌素作用,对控制胃酸和抑制胃蛋白酶的分泌效果较好;并对胃黏膜有保护和促进愈合作用。可用于治疗胃溃疡和十二指肠溃疡、胃炎等,对消化性溃疡临床症状的改善、溃疡的愈合有较好效果。丙谷胺的合成路线如下:

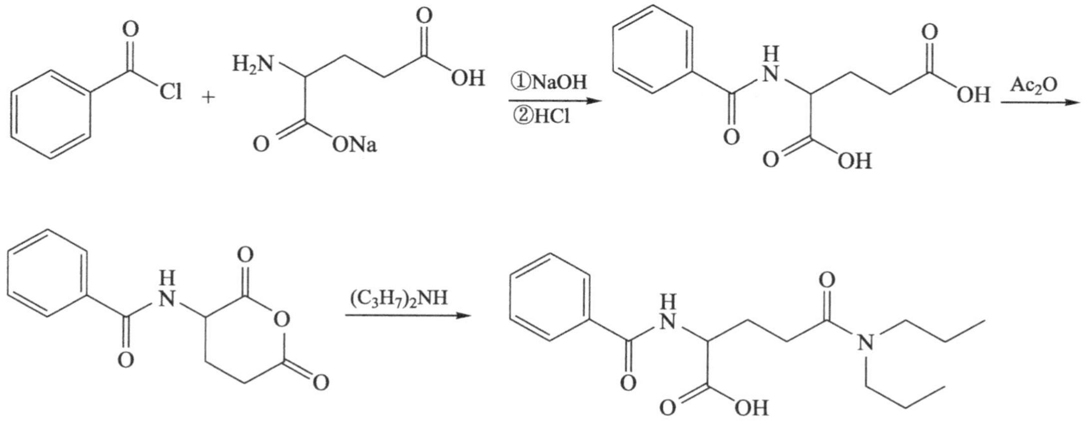

三、实验仪器与试剂

仪器：电热套、圆底烧瓶、回流冷凝管、温度计、滴液漏斗、烧杯、旋转蒸发仪、色谱柱。

试剂：L- 谷氨酸钠、氢氧化钠、苯甲酰氯、盐酸、乙酸酐、甲苯、二丙胺、冰醋酸、碳酸钠。

四、实验内容

1. *N*- 苯甲酰谷氨酸的合成

在装有 50 mL 1,4- 二氧六环的圆底烧瓶中加入 1 g 谷氨酸(相对分子质量 147.13)，该溶液在冰水浴的条件下搅拌 10 min，有结晶产生，而后加入 18 mL 的 10% 碳酸钠溶液，有絮状物生成。搅拌下，慢慢滴加 0.79 mL 的苯甲酰氯溶液(相对分子质量 140.57，密度 1.22 g/mL，0.79 mL 溶解在 7 mL 1,4- 二氧六环溶液中)。滴加完毕后，变成白色悬浊液，慢慢升至室温，继续反应过夜。反应结束后，减压除去溶剂，得到乳白色悬浊液，加入 20 mL 水，用 1% 盐酸调节 pH1，有气泡产生，然后加入乙酸乙酯进行萃取(3 × 20 mL)，第一次萃取上层淡黄色溶液，下层无色透明，后面两次上下层均为无色透明液体，有机层用无水硫酸镁干燥，过滤。滤液减压除去溶剂后，得到黄色油状物，用二氯甲烷进行结晶。过滤，干燥，得到白色固体，计算产率。

2. 酸酐的合成

取 *N*- 苯甲酰谷氨酸 500 mg 置于 50 mL 圆底烧瓶中，加入乙酸酐 1 mL 和异丙醚 10 mL，进行回流反应，变成奶白色溶液，用 TLC 检测反应终点[展开剂为 *V*(氯仿)∶*V*(甲醇)= 10∶1，加两滴冰醋酸]。反应结束后，减压除去溶剂，加入 10 mL 乙酸乙酯，用 1%NaOH 溶液洗涤反应液，上层为黄色溶液，下层为浅黄色溶液，乙酸乙酯层干燥，过滤，并减压除去溶剂后得到淡黄色固体，称量，计算产率。

3. 丙谷胺的合成

将 5 mL 的 *N*,*N*- 二甲基甲酰胺(DMF，密度 0.945 g/mL)加入 50 mL 圆底烧瓶中，随后加入 300 mg 上述第 2 步制得的酸酐(相对分子质量 233.07)。在 0℃条件下，向该溶液中慢慢滴加二丙胺(相对分子质量 102.2，密度 0.738 g/mL，1.5 eq.，178 μL)的 DMF(500 μL)溶液和 2 eq. 的 *N*,*N*- 二异丙基乙胺(相对分子质量 129.25，密度 0.782 g/mL)，得到黄色溶液。室温下反应，并通过 TLC 检测反应[*V*(石油醚)∶*V*(乙酸乙酯)=10∶1，加两滴冰醋酸]。反应结束后，用 80 mL 乙酸乙酯进行稀释，然后依次用 1 mol/mL 的硫酸氢钠溶液和饱和食盐水洗涤，有机层干燥，过滤，减压除溶剂后得到淡黄色油状物。将该物质溶解在温热的乙醇中，慢慢放置，析出结晶。过滤，干燥，计算产率。

五、注意事项

(1) 由于 *N*- 苯甲酰谷氨酸含有两个羧基，因此，在后处理的萃取过程中，需要用 TLC 对水层进行检测，以确保产物以完全萃入乙酸乙酯层。

(2) 在酸酐的合成过程中，应该使用新的乙酸酐或处理的乙酸酐（乙酸酐里面加入适量五氧化二磷，进行蒸馏，收集 139℃馏分）。

六、思考题

(1) 第一步反应中加入碳酸钠溶液的目的是什么？
(2) 在第二步反应中，用 TLC 检测反应进程，为什么要加冰醋酸？
(3) 第二步反应中的产物是基于什么原理来纯化的？
(4) 在第三步反应中，还可以采取什么方法来纯化丙谷胺？

丙谷胺的核磁共振谱图：

参考文献：

2. 丙谷胺片剂的制备

一、实验目的

(1) 掌握湿法制粒压片的一般工艺。
(2) 通过丙谷胺片剂制备熟悉助流剂、润滑剂的使用。
(3) 了解将疏水性药物制备为片剂的设计要点。

二、实验原理

丙谷胺又叫丙谷酰胺，属抗酸药及治疗消化性溃疡病药。该药物为胃泌素受体的拮抗剂，化学结构与胃泌素（G-17）及胆囊收缩素（CCK）两种肠激肽的终末端化学结构相似，因此能特异性和胃泌素竞争壁细胞上胃泌素受体，明显抑制胃泌素引起的胃酸和胃蛋白酶的分泌。该药物能增加胃黏膜氨基己糖的含量，促进糖蛋白合成，对胃黏膜有保护和促进愈合作用，能改善消化性溃疡的症状和促使溃疡愈合。此外，该药物还通过刺激胆汁分泌而发挥利胆排石的作用。

上市产品主要有片剂、胶囊、咀嚼片等，以及和西咪替丁组成的复方制剂，常用于胃和十二指肠溃疡、慢性浅表性胃炎、十二指肠球炎的治疗。丙谷胺几乎不溶于水，但口服吸收迅速，不存在生物利用度方面的问题。

三、实验内容

(一) 丙谷胺片剂的制备

1. 处方

丙谷胺	20 g
淀粉	8 g
微粉硅胶	0.3 g
十二烷基硫酸钠	0.15 g
硬脂酸镁	0.4 g
7%(质量浓度)淀粉浆	适量
制成片剂	100 片

2. 制法

(1) 捏合制软材:取丙谷胺,加入处方量淀粉、SDS 混匀,加入适量 7% 淀粉浆,捏合制作软材。

(2) 制湿颗粒:将软材通过 16 目筛网制湿颗粒。

(3) 干燥:将得到的湿颗粒均匀铺在不锈钢盘上,放入烘箱,55℃干燥。

(4) 整粒:将干颗粒通过 14 目筛网整粒,加入硬脂酸镁、微粉硅胶拌匀。

(5) 压片:将干颗粒放入压片机料斗,调整压片机片重、片厚调节机构,压片,得到的片剂需要密封保存。

(二) 丙谷胺片剂的初步评价

(1) 外观评价:在光照充足处,观察所制备的片剂的外观,是否有缺角、裂片、表面不光滑等情况,颜色是否均匀。

(2) 片重差异:从制备样品中选取 20 片外观良好且均一的,精密称定总质量,计算平均片重,之后,精密称定其中每一片的质量。计算每一片的质量与平均片重的波动差异。

$$片重差异=\frac{单片质量-平均片重}{平均片重}\times 100\%$$

药典规定,0.3 g 以下的药片的片重差异限度为 ±7.5%;0.3 g 或 0.3 g 以上者为 ±5%,且超出片重差异限度的药片不得多于 2 片,并不得有 1 片超过限度的 1 倍。

(3) 崩解时限:取药片 6 片,分别置于吊篮的玻璃管中,每管各加 1 片,吊篮浸入盛有(37±1)℃水的 1 000 mL 烧杯中,开动电动机按一定的频率和幅度往复运动(每分钟 30~32 次)。从片剂置于玻璃管时开始计时,至片剂全部崩解成碎片并全部通过管底筛网止,该时间即为该片剂的崩解时间,应符合规定崩解时限。如 1 片崩解不全,应另取 6 片复试,均应符合规定。

四、注意事项

(1) 丙谷胺几乎不溶于水,呈强疏水性。粉末质轻而有滞涩性,这些物理特性使其片剂生产工艺具有一定困难。本实验采用内加法加入阴离子表面活性剂 SDS,显著地增强了粉末的亲水性。这样一方面可以在不增加黏合剂[本实验中主要为7%(质量浓度)淀粉浆]用量的情况下制得黏性适宜的软材，获得完整均一颗粒，从而防止片剂崩解延迟；另一方面则能改善难溶性药物的溶出。淀粉浆的制备建议采用易于掌握的煮浆法，即将淀粉分散到水中后进行煮沸，直至形成半透明糊状形态。如果淀粉浆黏度不够，则可适当增加其质量浓度到10%~15%。

(2) 微粉硅胶因其具有极大的比表面积，良好的流动性、附着性，以及分子中自由羟基的存在，可与水分子产生氢键缔合作用，而显良好的亲水性。在该片剂中，微粉硅胶采用外加法加入制备好的干颗粒中，主要发挥助流剂作用。如果微粉硅胶采用内加法而进入颗粒中，则主要发挥毛细管渗透的作用。硬脂酸镁作为外加润滑剂，其用量一般不超过1.5%，并且在大生产中，其与颗粒的混合时间不宜过长，这是因为具有疏水性的硬脂酸镁可能会严密包裹在颗粒表面，导致片剂的崩解和溶出受影响。

(3) 本实验中提供的处方适用于压制较小的片剂，可使用直径10 mm的冲模进行压制，片重约300 mg。如果实验室中没有较小的冲模，也可以通过增加辅料比例的方法压制，片重更大，但是药物标示含量仍然为200 mg/片。同时由于辅料含量增加，可压性增加，压片所需压力还可降低，有助于机器寿命延长。但是需要注意处方调整带来的药物溶出和体内生物利用度的改变。

五、实验结果和讨论

(1) 丙谷胺片剂。

外观：

片重差异：

崩解时限：

结论：

(2) 如果制备的片剂不合格，请根据具体不合格的项目讨论可能的原因。

六、思考题

(1) 请查阅资料，试分析将疏水性原料药制备成片剂时，在处方工艺设计时需要注意的问题。

(2) 请说明丙谷胺片剂处方中各个辅料的作用。

(3) 如果得到的丙谷胺片剂崩解延迟，试分别从处方和工艺两方面举例说明可能的原因与对策。

(4) 为了解决硬脂酸镁可能对药物溶出带来的影响，可以选用什么辅料进行替代？

3. 丙谷胺片剂的质量评价

一、实验目的

(1) 掌握片剂药品的质量评价方法。

(2) 掌握利用高效液相色谱法对丙谷胺片剂进行定性、定量分析的原理。

(3) 掌握丙谷胺片剂质量评价实验操作的条件与要点。

二、实验原理

丙谷胺片剂加流动相超声溶解提取、稀释、过滤,滤液经 C_{18} 反相色谱柱分离。用二极管阵列检测器(223 nm)检测,外标法定量。丙谷胺片剂含丙谷胺($C_{18}H_{26}N_2O_4$)应为标示量的95.0%~105.0%。

三、实验仪器与条件

仪器:高效液相色谱仪,包括:流动相瓶、四元泵、自动进样器、柱温箱和二极管阵列DAD检测器。

实验条件:色谱柱:CLC-ODS 4.6 mm × 250 mm(5 μm);流动相:甲醇－乙腈－2%乙酸铵溶液(体积比为30∶10∶60);流速:1.0 mL/min;柱温:40 ℃;检测器:DAD;检测波长:223 nm;进样量:20 μL。

四、实验内容(《中国药典》2015年版第二部)

1. 标准溶液的配制及稀释

(1) 丙谷胺标准溶液:准确称取0.005 0 g贝诺酯标准品,用流动相溶解并定容至10 mL,得到浓度为0.5 mg/mL的丙谷胺标准溶液,进样前经0.45 μm微孔滤膜过滤。

(2) 丙谷胺片剂样品溶液:取本品20片,精密称定,研细,精密称取细粉适量(约相当于丙谷胺50 mg),置100 mL量瓶中,加流动相适量,超声使丙谷胺溶解,放冷,用流动相稀释至刻度,摇匀,过滤。精密量取续滤液5 mL,置50 mL量瓶中,用流动相稀释至刻度,摇匀,作为供试品溶液,进样前经0.45 μm微孔滤膜过滤。

2. 定性识别

将丙谷胺标准及样品溶液分别进样分析,记录的色谱图中丙谷胺片剂样品溶液主峰的保留时间应与丙谷胺标准溶液主峰的保留时间一致。

3. 杂质检测

将丙谷胺标准溶液进样分析，理论板数按丙谷胺峰计算不低于 3 000。

4. 含量测定

照高效液相色谱法（通则 0512）测定。将丙谷胺标准溶液及样品溶液分别进样分析，记录色谱图，按外标法以峰面积计算丙谷胺片剂中丙谷胺的含量。

五、计算公式

1. $n=16\left(\frac{t_R}{W}\right)^2$

2. 含量 $c_x=c_R\cdot\frac{A_x}{A_R}$

六、思考题

(1) 除高效液相色谱法之外，还可以采用何种仪器分析方法对丙谷胺片剂进行含量测定?

(2) 采用高效液相色谱法测定丙谷胺片剂含量时，应怎样对实验条件进行优化?

(3) 简述外标法定量分析的一般步骤。

(4) 2015 年版《中国药典》采用高效液相色谱法测定丙谷胺片剂含量，请说明测定的原理及测定方法的特点。

实验三

吗氯贝胺胶囊的制备及质量评价

1. 吗氯贝胺原料药的合成

一、实验目的

(1) 掌握酯化反应的常用方法。
(2) 巩固氨解反应的原理和基本操作。

二、实验原理

吗氯贝胺是一种单胺氧化酶抑制剂，主要用于单向和双向内源性抑郁症、深度或非内源性抑郁症，可选择性地抑制单胺氧化酶 A，并且呈逆性无奶酪效应，肝脏毒性小。合成路线如下：

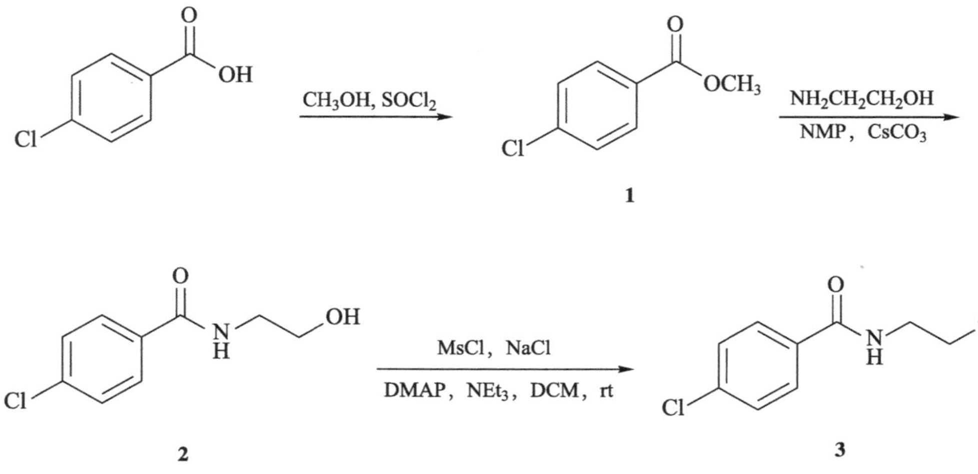

CH_3OH, $SOCl_2$

1

$NH_2CH_2CH_2OH$

NMP，$CsCO_3$

2

MsCl，NaCl

DMAP，NEt_3，DCM，rt

3

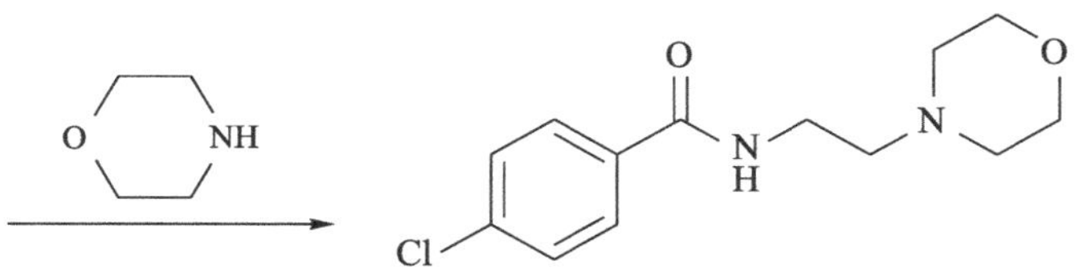

三、实验仪器与试剂

仪器：圆底烧瓶、冷凝管、烧杯、旋转蒸发仪、分液漏斗、色谱柱、锥形瓶。

试剂：对氯苯甲酸、甲醇、氯化亚砜、乙醇胺、氯化铵、*N*-甲基吡咯烷酮、碳酸铯、甲基磺酰氯、氯化钠、4-二甲氨基吡啶、三氯甲烷、二氯甲烷、吗啉、无水碳酸钠、甲苯、DMF、四氢呋喃、乙酸乙酯、石油醚。

四、实验内容

1. 化合物 **1** 的合成

在装有 20 mL 甲醇的 100 mL 三口烧瓶中，加入 2.5 g 对氯苯甲酸（相对分子质量 156.57）。在冰水浴搅拌条件下慢慢滴加 2.9 mL 氯化亚砜（相对分子质量 118.97，密度 1.638 g/mL），滴完后，继续搅拌 10 min。而后撤去冰水浴，加热回流 1 h，点板[展开剂为 *V*(石油醚)：*V*(乙酸乙酯)=3：1]检测反应完成进度。反应结束后，减压除去溶剂得黄色油状物，不做进一步纯化，直接用于后续反应。

2. 化合物 **2** 的合成

向上述制备的油状物中加入 10 mL 的 *N*-甲基吡咯烷酮（NMP，相对分子质量 99.13，密度 1.03 g/mL）和 1.15 mL 乙醇胺（相对分子质量 61.08，密度 1.02 g/mL）使其溶解，再加入 6.24 g 碳酸铯（相对分子质量 325.82），40℃条件下反应 8 h，通过点板，确认反应进程。反应结束后，加入 50 mL 水到上述反应液中，搅拌 1 min，再用乙酸乙酯进行萃取。有机层用 1% 的盐酸进行洗涤，干燥，并减压除去溶剂得到淡黄色固体。称量，计算产率。

3. 化合物 **3** 的合成

将 300 mg 化合物 **2**（相对分子质量 199.04）加到 50 mL 的圆底烧瓶中，并用 10 mL 二氯甲烷溶解。接下来加入 0.63 mL 的三乙胺（相对分子质量 101.19，密度 0.728 g/mL）、18.4 mg 的 4-二甲氨基吡啶（DMAP，相对分子质量 122.17）及 264 mg 的氯化钠（相对分子质量 58.44）。在冰水浴条件下，边搅拌边慢慢滴加 0.35 mL 的甲基磺酰氯（MsCl，相对分子质量 114.56，密度 1.48 g/mL）。滴加完毕后，慢慢升温，并在室温条件下反应过夜。用 TLC 检测反应进程。反应结束后，加入 10 mL 氯化铵水溶液淬灭反应，分出二氯甲烷层，水层再用等体积二氯甲烷萃取一次，合并有机相，用无水硫酸镁干燥，过滤。滤液减压除去溶剂后，用硅胶柱色谱进行纯化[*V*(石油醚)：*V*(乙酸乙酯)=10：1]得到白色固体化合物 **3**。

4. 吗氯贝胺的合成

在圆底烧瓶中加入 200 mg 化合物 **3**（相对分子质量 217.01）和 2 mL 吗啉（相对分子质量 87.12，密度 1.00 g/mL），然后在 100℃下搅拌 2 h。冷却至室温后，添加 5 mL 水，然后加入 1 mL 的 10% 氨水。用乙酸乙酯进行萃取。合并有机层，用无水硫酸镁干燥，过滤。滤液减压除去溶剂后，用硅胶柱色谱进行纯化[V(二氯甲烷)∶V(甲醇) =10∶1]得到白色固体吗氯贝胺。

五、注意事项

(1) 由于二氯亚砜对呼吸道具有强烈的刺激性，因此，取用时，需要在通风橱进行。
(2) 在使用甲基磺酰氯进行氯代反应时，滴加的速度要慢，否则溶液颜色会加深。

六、思考题

(1) 试描述第一步反应的机理。
(2) 在第一步反应中，为什么要慢慢地加入二氯亚砜？
(3) 第一步反应的后处理，“不做进一步纯化”的原因是什么？
(4) 第二步反应中，为什么要使用 *N*- 甲基吡咯烷酮作溶剂？
(5) 化合物 **2** 的后处理过程中，为什么要使用 1% 的盐酸？
(6) 如何理解第三步的反应过程？

吗氯贝胺的核磁共振谱图：

参考文献：

2. 吗氯贝胺胶囊的制备

一、实验目的

(1) 掌握吗氯贝胺胶囊制备的工艺。
(2) 初步掌握胶囊治疗评价的方法。

二、实验原理

吗氯贝胺(moclobemide)由 Roche 公司于 1990 年开发并于瑞典上市，主要用于单相和双相内源性抑郁症、深度或慢性非内源性抑郁症。它的疗效确切，临床安全性好，作用谱广，已在 50 多个国家上市。

该药物口服吸收良好，目前我国的上市剂型主要是片剂和胶囊，片剂规格为 0.1 g/ 片和

0.15 g/ 片，胶囊规格为 0.1 g/ 粒，适应证为抑郁症。

三、实验内容

（一）吗氯贝胺胶囊的制备

1. 处方

吗氯贝胺	5 g
淀粉	9 g
交联羧甲基纤维素钠	0.5 g
淀粉浆（10%）	适量
微粉硅胶	0.1 g
制成胶囊	50 粒

2. 操作

（1）粉碎混合：将吗氯贝胺、淀粉、交联羧甲基纤维素钠分别研磨至能过 80 目筛网，之后按照处方量取用并混合均匀。

（2）制备软材：用煮浆法配制 10%（质量分数）淀粉浆，用该溶液作为黏合剂，捏合制备软材。

（3）制湿颗粒：将软材通过 24 目筛网制湿颗粒。

（4）干燥：将得到的湿颗粒均匀铺在不锈钢盘上，放入烘箱，50℃干燥。

（5）整粒：将干颗粒通过 24 目筛网或网孔稍大的筛网整粒，加入微粉硅胶拌匀。

（6）填充胶囊：采用手工胶囊填充板进行胶囊填充，即得。

（二）吗氯贝胺胶囊的初步评价

（1）外观评价：在光照充足处，观察所制备的胶囊的外观，不得有黏结、变形或破裂，硬胶囊内容物应该干燥，混合均匀。

（2）水分：除另有规定外，硬胶囊内容物的水分不得超过 9.0%。水分可以用快速水分测定仪进行测定。

（3）装量差异：从制备样品中选取 20 粒外观良好且均一的胶囊，分别精密称定质量，倒出内容物，硬胶囊囊壳用小刷拭净，然后称量。利用上述数据求算出每粒胶囊与平均装量的差异。药典规定：装量差异限度规定为 0.30 g 以下 ± 10% 以内，0.30 g 或 0.30 g 以上 ± 7.5% 以内。每粒的装量与平均装量相比较，超出装量差异限度的不得多于 2 粒，，并不得有 1 粒超出限度 1 倍。

（4）崩解时限：取硬胶囊 6 粒，分别置于吊篮的玻璃管中，每管各加 1 粒，吊篮浸入盛有（37 ± 1）℃水的 1 000 mL 烧杯中，开动电动机按一定的频率和幅度往复运动（每分钟 30~32 次）。从胶囊置于玻璃管时开始计时，至胶囊全部崩解成碎片并全部通过管底筛网止，该时间即为该胶囊的崩解时间，应符合规定崩解时限（本实验中所制备的胶囊为 10 min）。如 1 粒崩解不全，应另取 6 粒复试，均应符合规定。

四、注意事项

（1）吗氯贝胺为白色或类白色结晶或结晶性粉末；无臭，味微苦。在甲醇、乙醇或三氯甲烷中易溶，在丙酮中溶解，在水中微溶，在冰醋酸中易溶。由于吗氯贝胺结构中含有仲氨基，会与乳糖等带有醛基的还原糖发生美拉德反应，因此选择辅料时应当避免此类辅料出现。

(2) 为了保证胶囊填充的均匀性，制粒和整粒过程中选用了相对较小的筛网(24 目)，如果该尺寸下软材过筛有困难，可以换用 20 目的筛网进行制粒和整粒。

(3) 本实验中，所设计的硬胶囊采用 1 号胶囊壳进行装填，每粒胶囊填充 300 mg 内容物，其中药物含量为 100 mg。关于胶囊填充量的控制和填充方法，可以参见本书综合篇实验十：双醋瑞因胶囊的制备及质量评价。

五、实验结果和讨论

1. 吗氯贝胺胶囊

外观：

装量差异：

崩解时限：

结论：

2. 如果制备的胶囊不合格，请讨论可能的原因。

六、思考题

(1) 请查阅文献，举例说明现在商品化胶囊的主要材质。

(2) 请查阅资料，说明胶囊生产过程中容易出现的问题。

(3) 如果本实验过程中发现难以保证胶囊的装量准确性，请从处方和工艺方面提出可能的解决手段。

(4) 吗氯贝胺上市制剂有胶囊和片剂，试从多角度分析两者的优缺点。

3. 吗氯贝胺胶囊的质量评价

一、实验目的

(1) 掌握胶囊的质量评价方法。

(2) 掌握利用高效液相色谱法对吗氯贝胺胶囊进行定性、定量分析的原理。

(3) 掌握吗氯贝胺胶囊质量评价的实验操作条件与要点。

二、实验原理

吗氯贝胺胶囊内容物加甲醇溶解、稀释、过滤，滤液经氰基硅烷键合硅胶柱分离。用二极管阵列检测器(235 nm)检测,外标法定量。吗氯贝胺胶囊含吗氯贝胺($C_{13}H_{17}ClN_2O_2$)应为标示量的93.0%~107.0%。

三、实验仪器与条件

仪器:高效液相色谱仪,包括:流动相瓶、四元泵、自动进样器、柱温箱和二极管阵列DAD检测器。

实验条件:色谱柱:氰基硅烷键合硅胶柱4.6 mm×250 mm(5 μm);流动相:0.14%三乙胺溶液(以磷酸溶液调节pH至6.0)–甲醇(体积比为65∶35);流速:1.0 mL/min;柱温:40℃;检测器:DAD,检测波长:235 nm;进样量:20 μL。

四、实验内容(《中国药典》2015年版第二部)

1. 标准溶液的配制及稀释

(1) 吗氯贝胺标准溶液:准确称取0.015 0 g吗氯贝胺标准品,用流动相溶解并定容至10 mL,得到质量浓度为1.5 mg/mL的吗氯贝胺储备溶液。精密量取1.5 mg/mL的吗氯贝胺储备溶液1.0 mL,用流动相溶解并定容至100 mL,得到质量浓度为15 μg/mL的吗氯贝胺标准溶液,进样前经0.45 μm微孔滤膜过滤。

(2) 吗氯贝胺胶囊样品溶液:取本品10粒,去胶囊后精密称定,研细,精密称取细粉适量(约相当于吗氯贝胺20 mg),加流动相溶解并稀释制成每毫升中约含吗氯贝胺15 μg的溶液,过滤,取续滤液作为供试品溶液,进样前经0.45 μm微孔滤膜过滤。

2. 定性识别

将吗氯贝胺标准溶液及样品溶液分别进样分析,记录色谱图至主成分峰保留时间的2.5倍,记录的色谱图中吗氯贝胺样品溶液主峰的保留时间应与吗氯贝胺标准溶液主峰的保留时间一致。供试品溶液色谱图中如有杂质峰,单个杂质峰面积不得大于对照溶液主峰面积的0.5倍(0.5%),各杂质峰面积的和不得大于对照溶液主峰面积(1.0%)。

3. 杂质检测

将吗氯贝胺标准溶液进样分析,理论板数按吗氯贝胺峰计算不低于2 000。

4. 含量测定

照高效液相色谱法(通则0512)测定。将吗氯贝胺标准溶液及样品溶液分别进样分析,记录色谱图,按外标法以峰面积计算吗氯贝胺胶囊中吗氯贝胺的含量。

五、计算公式

1. $n=16\left(\frac{t_R}{W}\right)^2$

2. 含量 $c_x=c_R\cdot\frac{A_x}{A_R}$

六、思考题

(1) 除了2015年版《中国药典》中采用的高效液相色谱法外,还有哪些方法可以用来测定吗氯贝胺胶囊含量?

(2) 在高效液相色谱法测定吗氯贝胺胶囊含量时,应注意哪些基本试验条件及操作注意点?

(3) 胶囊样品和片剂样品在样品提取处理过程中有什么异同之处?

(4) 2015年版《中国药典》采用高效液相色谱法测定吗氯贝胺片剂含量,请说明测定的原理及测定方法的特点。

实验四

曲尼司特滴眼剂的制备及质量评价

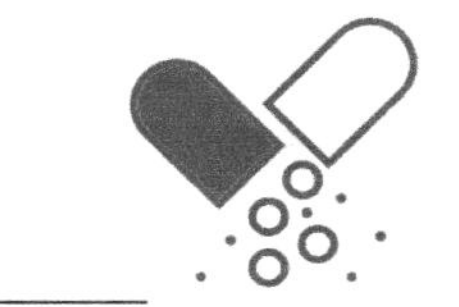

1. 曲尼司特原料药的合成

一、实验目的

(1) 掌握酰氯的制备方法。
(2) 进一步熟悉酰胺的合成方法。
(3) 巩固酸碱法在化合物纯化过程中的应用。

二、实验原理

曲尼司特又名利喘贝，它能抑制肥大细胞和嗜碱细胞脱颗粒，从而阻滞组胺 S- 羟色胺等过敏反应介质的释放。临床上用于支气管哮喘、过敏性哮喘的防治，也可用于防治多种过敏性疾病。合成路线如下：

H_3CO, H_3CO, COOH $\xrightarrow{(COCl)_2}$ H_3CO, H_3CO, COCl (1) $\xrightarrow{COOCH_3,\ NH_2}$

H_3CO, H_3CO, H N, O, $COOCH_3$ (2) $\xrightarrow{LiOH}$ H_3CO, H_3CO, H N, O, COOH

三、实验仪器与试剂

仪器：250 mL 三口烧瓶、旋转蒸发仪、抽滤瓶、磁力搅拌电热套、回流管、色谱柱、锥形瓶、圆底烧瓶。

试剂：3,4-二甲氧基肉桂酸、氯化亚砜、三氯甲烷、邻氨基苯甲酸甲酯、硅胶、石油醚、乙酸乙酯、盐酸、乙醇、氢氧化锂、水、吡啶、四氢呋喃、甲醇。

四、实验内容

1. 化合物 **1** 的制备

在室温条件下，将 1 g 的 3,4-二甲氧基肉桂酸（相对分子质量 208.07）加入装有 10 mL 干燥 CH_2Cl_2 溶液的圆底烧瓶中，在搅拌下向溶液中慢慢滴加 0.813 mL 的草酰氯（相对分子质量 126.93，密度 1.5 g/mL），装上温度计、冷凝管和吸收尾气的装置。搅拌 30 min 后，向反应液中滴加 20 μL 干燥的 DMF（新购置，0.4 nm 分子筛干燥，密度 0.945 g/mL）。反应液继续在室温条件下搅拌 6 h，TLC 检测反应进程。反应结束后（溶液变黄），在减压条件下除去溶剂，得到淡黄色油状物 3,4-二甲氧基肉桂酰氯（化合物 **1**），不做进一步的纯化处理，直接用于下一步反应。

2. 化合物 **2** 的制备

在 50 mL 的圆底烧瓶中加入 500 mg 化合物 **1**（相对分子质量 226.04），用 5 mL 干燥的吡啶溶解。在室温条件下搅拌，慢慢加入 501 mg 的邻氨基苯甲酸甲酯（相对分子质量 151.06，1.5 eq.）。TLC 检测反应进程。反应结束后，向反应液中加入 0℃的 20 mL 去离子水，此时有固体析出，过滤并用冷水洗涤除去吡啶，得到的固体用 10 mL 乙酸乙酯溶解，加入 10 mL 水，并用 1% 盐酸调 pH 1，分离出乙酸乙酯层，水层再用等体积乙酸乙酯萃取一次，合并乙酸乙酯层，干燥，过滤，减压除去溶剂后的固体用热乙醇溶解，放置析晶。过滤，干燥，得到淡黄色结晶的化合物 **2**。

3. 曲尼司特的制备

将 500 mg 的化合物 **2**（相对分子质量 339.15）加入 50 mL 的圆底烧瓶中，向瓶中加入 10 mL 四氢呋喃和 2 mL 甲醇。在室温搅拌条件下，加入 309 mg 氢氧化锂（相对分子质量 41.96，5 eq.），反应过夜。TLC 检测反应进程。反应结束后，减压除去溶剂后，向残留物中加入 10 mL 乙酸乙酯溶解，加入 10 mL 水，并用 5% 盐酸调 pH 1，分离出乙酸乙酯层，水层再用等体积乙酸乙酯萃取一次，合并乙酸乙酯层，干燥，过滤，减压除去溶剂后的固体用 10 mL 乙酸乙酯溶解，加入 10 mL 水，用 1% 氢氧化钠水溶液调 pH 10。分离出水层，乙酸乙酯层再用等体积水萃取一次，合水层。水层用 10% 盐酸调 pH 1，溶液变混浊并有固体析出。在 0℃冰水浴条件下继续析晶。过滤得到固体用热乙醇溶解，放置析晶。过滤，干燥，得到淡黄色结晶的曲尼司特。

五、思考题

(1) 在化合物 **2** 的后处理过程中，“20 mL 0℃的去离子水”的目的是什么?

(2) 化合物 **2** 的纯化为什么要使用 1% 盐酸?

(3) 在第 2 步的后处理过程中，“5% 盐酸调 pH 1”“1% 氢氧化钠水溶液调 pH 10”,以及“10% 盐酸调 pH 1”分别是什么目的?

(4) 第 3 步中,为什么要使用四氢呋喃和甲醇的混合溶剂作为反应溶剂?

曲尼司特的核磁共振谱图：

参考文献：

2. 曲尼司特滴眼剂的制备

一、实验目的

(1) 通过实验掌握滴眼剂共性的生产工艺和操作要点。

(2) 掌握曲尼司特片剂的制备工艺。

(3) 熟悉滴眼剂质量检查标准和方法。

二、实验原理

曲尼司特化学式为 *N*–(3,4– 二甲氧基肉桂酰)邻氨基苯甲酸,是一种淡黄色或淡黄绿色结晶或结晶性粉末;无臭,无味。在二甲基甲酰胺中易溶,在甲醇中微溶,在水中不溶。临床上为抗变态反应药,可用于支气管哮喘及过敏性鼻炎的预防性治疗。

曲尼司特于 1976 年由日本岐阜药科大学的江田昭英和 Kissei 制药有限公司联合研制,1982 年在日本上市。国内 1984 年由中国药科大学制药有限公司研制,1988 年获得生产批文。国内的上市剂型主要有片剂、胶囊、颗粒剂、滴眼剂。其中滴眼剂首先由日本 Kissei 制药有限公司于 1995 年在日本上市。国内由中国药科大学制药有限公司于 2011 年注册成功并生产,用于治疗过敏性结膜炎,规格为 5 mL,25 mg。曲尼司特片剂适应证为预防和治疗支气管哮喘及过敏性鼻炎,规格为 0.1 g/ 片,为《中国药典》收录品种。

滴眼剂(eye drops)指由原料药和适宜的辅料制成的供滴入眼内的无菌液体制剂,可分为溶液型、混悬液或乳状液。一般需要加入适宜的抑菌剂、pH 调节剂、黏度调节剂等。此外,还会加入帮助原料药溶解或混悬均匀的辅料。本实验中，进行曲尼司特滴眼剂和片剂的制备。

三、实验内容

（一）曲尼司特滴眼剂的制备

1. 处方

曲尼司特	500 mg
葡甲胺	4.5 g
枸橼酸	1.55 g
聚维酮 K30	1 g
尼泊金甲酯	20 mg
加注射用水至	100 mL
制成滴眼剂	20 支

2. 操作

（1）用注射用水将枸橼酸配制为 5%（质量浓度）水溶液，尼泊金甲酯配制为 0.1%（质量浓度）水溶液，聚维酮 K30 配制为 5%（质量浓度）水溶液。

（2）将处方量曲尼司特和葡甲胺用注射用水搅拌至溶解，然后缓慢加入枸橼酸溶液，调节 pH 在 7.0~8.5，再加入尼泊金甲酯溶液和聚维酮 K30 溶液，搅拌均匀，添加注射用水至全量。

（3）用 0.22 μm 微孔滤膜对配制好的滴眼剂进行无菌过滤，之后分装于滴眼剂瓶中。

（二）曲尼司特滴眼剂的初步质量检查

（1）澄明度：溶液型滴眼剂应为澄明的溶液；肉眼观察无玻璃屑、较大纤维和其他不溶性异物。观察方法同注射剂。

（2）pH：使用校准过的 pH 计进行测定，应在 5.0~9.0，pH 不当可引起刺激性，增加泪液的分泌，导致药物流失，甚至损伤角膜。

（3）渗透压：应尽量与泪液相近，但一般能适应相当于浓度为 0.5%~1.6% 的氯化钠溶液。可根据实验条件，使用渗透压测定仪进行测定。

（4）黏度：以 0.4~0.5 Pa·s 为宜，适当大的黏度可使滴眼剂在眼内停留时间延长，并减少刺激性。可根据实验条件，配置对照溶液后用乌氏黏度计进行测定。

（5）无菌：供角膜创伤或手术用的滴眼剂必须无菌，以无菌操作法制成单剂量制剂，且不得加抑菌剂；其他用的滴眼剂为多剂量滴眼剂，必须加抑菌剂，不得检出绿脓杆菌和金黄色葡萄球菌。

（6）装量：取供试品 20 个，分别称定内容物的质量，计算平均装量，每个装量与平均装量相比较，超过 ±10% 的不多于 2 个，并不得有超过 ±20% 的。凡规定检查含量均匀度的眼用制剂，则一般不再进行装量差异检查。

（三）曲尼司特片剂的制备

1. 处方

曲尼司特	10 g
淀粉	15 g

羧甲基淀粉钠	1 g
十二烷基硫酸钠	0.15 g
微粉硅胶	0.3 g
硬脂酸镁	0.4 g
15%(质量浓度)淀粉浆	适量
制成片剂	100 片

2. 操作

(1) 捏合制软材:取曲尼司特,加入处方量淀粉、羧甲基淀粉钠、SDS,混匀,加入适量15%淀粉浆,捏合制作软材。

(2) 制湿颗粒:将软材通过16目筛网制湿颗粒。

(3) 干燥:将得到的湿颗粒均匀铺在不锈钢盘上,放入烘箱,55℃干燥。

(4) 整粒:将干颗粒通过14目筛网整粒,加入硬脂酸镁、微粉硅胶,混匀。

(5) 压片:将干颗粒放入压片机料斗,调整压片机片重、片厚调节机构,压片,得到的片剂需要密封保存。

(四) 曲尼司特片剂的初步评价

(1) 外观评价:在光照充足处,观察所制备的片剂的外观,是否有缺角、裂片、表面不光滑等情况,颜色是否均匀。

(2) 片重差异:从制备样品中选取20片外观良好且均一的,精密称定总质量,计算平均片重,之后,精密称定其中每片的质量。计算每片的质量与平均片重的波动差异。

$$片重差异/\%=\frac{单片质量-平均片重}{平均片重}\times 100\%$$

药典规定,0.3 g以下的药片的片重差异限度为 ±7.5%;0.3 g或0.3 g以上者为 ±5%,且超出片重差异限度的药片不得多于2片,并不得有1片超过限度的1倍。

(3) 崩解时限:取药片6片,分别置于吊篮的玻璃管中,每管各加1片,吊篮浸入盛有(37±1) ℃水的1 000 mL烧杯中,开动电动机按一定的频率和幅度往复运动(每分钟30~32次)。从片剂置于玻璃管时开始计时,至片剂全部崩解成碎片并全部通过管底筛网止,该时间即为该片剂的崩解时间,应符合规定崩解时限。如1片崩解不全,应另取6片复试,均应符合规定。

四、注意事项

(1) 曲尼司特在水中难溶,因此需要使用一定的增溶手段。日本上市的滴眼剂中是采用吐温-80形成胶束来增溶。本实验中参考相关专利,采用葡甲胺对曲尼司特进行助溶,这主要是基于碱性的葡甲胺中的仲氨基与曲尼司特中的羧基相互作用,形成溶解性更好的复合物。

(2) 滴眼剂的pH要求为5.0~9.0,人泪液的pH一般在7.3~7.5。滴眼剂过酸可凝固眼部黏膜的蛋白质,过碱可使黏膜上皮细胞被腐蚀而膨胀坏死。pH在6.0~8.5时眼睛比较舒适。本实验采用枸橼酸将pH调节到7.0~8.5,既保证了眼部的舒适性,也能保证药物不会析出。

(3) 曲尼司特水溶性较差,因此在片剂处方中加入了羧甲基淀粉钠和十二烷基硫酸钠,以保证片剂的崩解并能帮助难溶性的药物溶出增加。

五、实验结果和讨论

将所制备滴眼剂和片剂的各项质量检查结果进行记录。

六、思考题

(1) 请说明曲尼司特滴眼剂处方中各个辅料的作用。
(2) 请说明曲尼司特片剂处方中各个辅料的作用。
(3) 还有哪些辅料可以改善曲尼司特口服剂的溶出?
(4) 除了使用淀粉浆作为黏合剂外,还可以选用哪些辅料?

3. 曲尼司特滴眼剂的质量评价

一、实验目的

(1) 掌握液体药品的质量评价方法。
(2) 掌握利用高效液相色谱法对曲尼司特滴眼剂进行定性、定量分析的原理。
(3) 掌握曲尼司特滴眼剂质量评价的实验操作条件与要点。

二、实验原理

曲尼司特滴眼剂加流动相稀释、过滤,滤液经 C_{18} 反相色谱柱分离。用二极管阵列检测器(333 nm)检测,外标法定量。曲尼司特滴眼剂含曲尼司特($C_{18}H_{17}NO_5$)应为标示量的93.0%~107.0%。

三、实验仪器与条件

仪器:高效液相色谱仪,包括:流动相瓶、四元泵、自动进样器、柱温箱和二极管阵列DAD检测器。

实验条件:色谱柱:CLC-ODS 4.6 mm × 250 mm(5 μm);流动相:甲醇 -0.02 mol/L 磷酸二氢钾溶液(体积比为 60∶40)(用磷酸调节 pH 至 4.2);流速:1.0 mL/min;柱温:40℃;检测器:DAD;检测波长:333 nm;进样量:20 μL。

四、实验内容(《中国药典》2015 年版第二部)

1. 标准溶液的配制及稀释

(1) 曲尼司特标准溶液:准确称取 0.025 0 g 曲尼司特标准品,置于 50 mL 棕色容量瓶中,加无水乙醇适量使之溶解,加流动相稀释至刻度,摇匀,得到 0.5 mg/mL 的曲尼司特储备溶液。精密量取 0.5 mL、1.0 mL、2.0 mL、3.0 mL、4.0 mL 曲尼司特储备溶液于不同的棕色容量瓶中,加流动相稀释至刻度,摇匀,制成系列浓度的标准溶液,进样前经 0.45 μm 微孔滤膜过滤。

(2) 曲尼司特滴眼剂样品溶液:精密量取曲尼司特滴眼剂 2 mL 置于 10 mL 棕色容量瓶中,用流动相稀释至刻度,摇匀,再精密量取 1 mL 溶液置于 10 mL 棕色容量瓶中,用流动相稀释至刻度,摇匀,作为样品溶液,进样前经 0.45 μm 微孔滤膜过滤。

2. 定性识别

将曲尼司特标准及样品溶液分别进样分析,记录色谱图至主成分峰保留时间的 4 倍,记录的色谱图中曲尼司特样品溶液主峰的保留时间应与曲尼司特标准溶液主峰的保留时间一致。样品溶液的色谱图中如有杂质峰,单个杂质峰面积不得大于对照溶液主峰面积的 0.5 倍(0.5%),各杂质峰面积的和不得大于对照溶液主峰面积(1.0%)。

3. 杂质检测

将曲尼司特标准溶液进样分析,理论板数按曲尼司特峰计算不低于 4 000;将曲尼司特样品溶液进样分析,曲尼司特峰与相邻杂质峰之间的分离度应大于 1.5。

4. 含量测定

将曲尼司特系列浓度的标准溶液及样品溶液分别进样分析,记录色谱图,按工作曲线法,以峰面积计算曲尼司特滴眼剂中曲尼司特的含量。

五、计算公式

1. $n=16\left(\frac{t_R}{W}\right)^2$

2. $R=\frac{2\times(t_{R2}-t_{R1})}{W_1+W_2}$

六、思考题

(1) 用高效液相色谱法测定曲尼司特滴眼剂含量时,应注意哪些基本实验条件及操作注意点?

(2) 实验测定过程为什么要采用棕色容量瓶?

(3) 采用高效液相色谱法对曲尼司特滴眼剂进行质量分析时,不同的分离方法各自有哪些优缺点?

(4) 曲尼司特缓释胶囊和曲尼司特滴眼剂在样品处理过程中有哪些异同之处?

实验五

比沙可啶栓剂的制备及质量评价

1. 比沙可啶原料药的合成

一、实验目的

(1) 学习酸催化的酚醛反应。

(2) 掌握酚羟基酯化的基本方法。

二、实验原理

比沙可啶(bisacodyl),为接触性缓泻剂,临床用于缓解便秘和促进肠道排空,化学名为:4,4′-(2-吡啶亚甲基)双酚二乙酸酯。作用机制为刺激肠黏膜的感觉神经末梢,引起结肠反射性蠕动增加而导致排便。

吡啶-2-甲醛在浓硫酸的催化下,与2倍当量的苯酚缩合得到4,4′-二羟基二苯基-(2-吡啶)甲烷和2,4′-二羟基二苯基-(2-吡啶)甲烷,利用在乙酸乙酯中溶解度的差别,分离得到4,4′-二羟基二苯基-(2-吡啶)甲烷,经乙酰化得到比沙可啶粗品,经柱色谱分离得到比沙可啶原料药。合成路线如下:

CHO　N　1　+　OH　2　$\xrightarrow{H_2SO_4}$　OH　N　OH　3　+　HO　N　OH　4

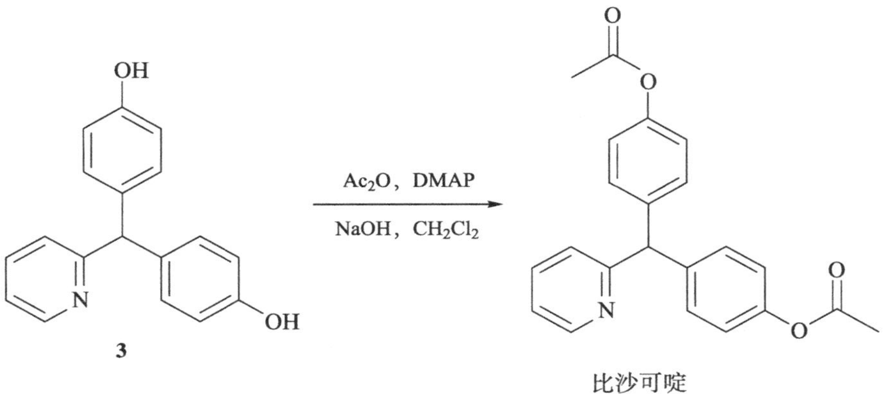

3　→（Ac_2O，DMAP；NaOH，CH_2Cl_2）→　比沙可啶

三、实验仪器与试剂

仪器：三口烧瓶、球形冷凝管、烧杯、抽滤瓶、滴液漏斗、温度计、色谱柱、锥形瓶、磁力搅拌器、旋转蒸发仪。

试剂：吡啶-2-甲醛、浓硫酸、苯酚、乙酸乙酯、氢氧化钠、4-二甲氨基吡啶（DMAP）、乙酸酐、二氯甲烷、95%乙醇溶液、石油醚、色谱硅胶、薄层板。

四、实验内容

1. 4,4′-(吡啶-2-亚甲基)二苯酚的制备

在冰水浴条件下，将1.5 mL浓硫酸(98%，相对分子质量98.07，密度1.84 g/mL)加入100 mL三口烧瓶中。搅拌下加入3.0 g苯酚**1**(相对分子质量94.11)，此时溶液变为黄褐色液体(注：如果液体凝固可去掉冰水浴)，缓慢滴加1.0 mL吡啶-2-甲醛**2**(相对分子质量107.11，密度1.13 g/mL，此时颜色变深，黏性变强)。室温搅拌1 h后，TLC检测反应完全，加入约15.0 mL 2 mol/L氢氧化钠溶液，调节pH至7。再搅拌1 h，溶液呈黏稠状，加入4 mL乙酸乙酯，搅拌10 min。抽滤，干燥，得到淡黄色比沙可啶粗品，TLC检测是否有邻位异构**4**存在，如果没有可直接用于下一步反应。反之可经硅胶柱色谱分离纯化[洗脱剂为*V*(石油醚)：*V*(乙酸乙酯)＝4∶1]，得到淡黄色粉末粉的4,4′-(吡啶-2-亚甲基)二苯酚**3**。干燥后称量，计算产率。

2. 比沙可啶的合成

将上述合成得到的1.5 g 4,4′-(吡啶-2-亚甲基)二苯酚**3**(相对分子质量277.32)加入50 mL三口烧瓶中，在搅拌下，缓慢滴加10 mL 2 mol/L氢氧化钠溶液(相对分子质量40.00)和0.033 g的DMAP(相对分子质量122.17，5 mol%)和15 mL二氯甲烷。搅拌10 min后加入2.0 mL乙酸酐(相对分子质量102.09，密度1.08 g/mL)，室温搅拌0.5~1 h，TLC检测反应完成，静置分层。有机相用去离子水洗(10 mL×3次)，无水硫酸钠干燥，过滤，旋蒸除去溶剂后，经柱色谱分离纯化[洗脱剂为*V*(石油醚)：*V*(乙酸乙酯)=6∶1]，得到白色粉末固体比沙可啶。干燥后称量，计算产率。熔点：134~136℃。

五、注意事项

(1) 4,4′-(吡啶-2-亚甲基)二苯酚 **3** 的制备过程中,反应液黏性会变强,如果反应液凝固影响搅拌可去掉冰水浴,室温搅拌。

(2) 在第一步产物的分离过程中,反应生成的邻位异构体化合物 **4** 在乙酸乙酯中的溶解度要大于对位异构体化合物 **3**,因此可通过加入适量的乙酸乙酯,利用两化合物的溶解度不同,可得到较为纯净的化合物 **3**,但是对产率影响较大。如果要提高产率,也可以直接柱色谱得到对位异构体化合物 **3**。

(3) 第二步的乙酰化反应中,反应体系为液液两相反应,需注意要充分搅拌,否则会影响反应完全。

六、思考题

(1) 在第一步缩合反应过程中,反应完全后,加入氢氧化钠溶液的目的是什么?

(2) 在第一步缩合反应过程中,生成两个吡啶-2-亚甲基二苯酚的异构体 **3** 和 **4**,哪一个会是主要产物,为什么?

(3) 试比较两个异构体 **3** 和 **4** 的分子极性大小。

(4) 怎样通过光谱数据区分异构体 **3** 和 **4**?

(5) 4,4′-(吡啶-2-亚甲基)二苯酚经乙酰化得到比沙可啶粗品的反应,为什么需要柱色谱分离纯化?

(6) 分别说明乙酰化反应过程中氢氧化钠和 DMAP 的作用。

比沙可啶的核磁共振谱图:

参考文献:

2. 比沙可啶栓剂的制备

一、实验目的

(1) 掌握熔融法制备栓剂的工艺和操作要点。

(2) 熟悉栓剂初步质量评价方法。

二、实验原理

比沙可啶栓剂原研制剂由勃林格殷格翰(Boehringer Ingelheim Limited)生产并上市销售，规格为 5 mg/ 栓和 10 mg/ 栓，用于急、慢性便秘及习惯性便秘，其辅料主要为氢化植物油(半合成脂肪酸甘油酯)。国内也有仿制药上市，规格为 10 mg/ 栓，辅料多使用聚乙二醇类。制剂中辅料的选择常常需要考虑其辅助治疗作用，例如氢化植物油有较好的润滑作用，可以帮助改善便秘。而聚乙二醇类除了具有润滑作用外，还可以通过增加肠道内渗透压的方式促进腹泻。

比沙可啶在氯仿中易溶，在丙酮中溶解，在乙醇或乙醚中微溶，在水中不溶。熔点为 131~135℃。

本实验以 PEG 基质制备比沙可啶栓剂。

三、实验内容

1. 处方

比沙可啶	0.2 g
PEG 400	32 g
PEG 6000	16 g
制成栓剂	20 枚

2. 操作

(1) 将 PEG 400 和 PEG 6000 置于 100 mL 烧杯内，于 60℃水浴中熔融，混匀。

(2) 将栓模擦拭干净后，在内部涂抹上适量液体石蜡作为润滑剂，放入 50~60℃烘箱中预热。

(3) 将熔融的基质冷却到约 50℃时，加入研细的药物粉末，快速搅匀，倾入涂有润滑剂(液体石蜡)的预热好的栓模中，冷却至完全固化后削去溢出部分，脱模，即得。

四、注意事项

(1) 栓剂制备中的注意事项详见基础实验中的栓剂实验。

(2) 有报道表明聚乙二醇、甘油、明胶等水溶性基质有造成比沙可啶降解从而产生杂质的风险，因此也可以尝试使用脂溶性基质，如半合成脂肪酸酯等制备栓剂。

五、实验结果和讨论

记录所制备栓剂的外观、质量、硬度、剖面情况的检查结果。

六、思考题

(1) 栓剂中的药物分布不均匀可能会带来什么问题?

(2) 本实验的栓剂制备为何同时使用 PEG 6000 和 PEG 400？
(3) 请以半合成脂肪酸酯为主要辅料设计比沙可啶栓剂的处方和工艺。
(4) 半合成脂肪酸酯是一类辅料的统称，用于制备栓剂时，应该如何选择合适的种类？

3. 比沙可啶栓剂的质量评价

一、实验目的

(1) 掌握栓剂药品的质量评价方法。
(2) 掌握利用高效液相色谱法对比沙可啶栓剂进行定量分析的原理。
(3) 掌握比沙可啶栓剂质量评价的实验操作条件与要点。

二、实验原理

比沙可啶栓剂加 1 mol/L 盐酸水浴溶解、定容，紫外－可见分光光度计在 264 nm 的波长处测定吸光度，按照对照品比较法求算含量。比沙可啶栓剂含比沙可啶($C_{22}H_{19}NO_4$)应为标示量的 93.0%~107.0%。

三、实验仪器与条件

紫外－可见分光光度计。

四、实验内容(《中国药典》2015 年版第二部)

1. 标准品溶液的配制及稀释

(1) 比沙可啶标准溶液：准确称取 0.020 0 g 比沙可啶标准品，用 1 mol/L 盐酸溶解并定容至 10 mL，得到浓度为 2.0 mg/mL 的比沙可啶储备溶液，精密量取 1.0 mL 比沙可啶储备溶液，用 1 mol/L 盐酸溶解并定容至 100 mL，得到浓度为 20 μg/mL 的比沙可啶标准溶液。

(2) 比沙可啶栓剂样品溶液：取比沙可啶栓剂 10 粒，置蒸发皿中，置水浴上加热至熔化，冷却并不断搅拌，使混合均匀。精密称取适量(约相当于比沙可啶 20 mg)，置 100 mL 量瓶中，加 1 mol/L 盐酸适量，置水浴中，振摇使比沙可啶溶解，冷却，用 1 mol/L 盐酸稀释至刻度，摇匀(如为脂肪性基质制成的栓剂，滤过)，精密量取 10 mL，置 100 mL 量瓶中。

2. 含量测定

照紫外－可见分光光度法(通则 0401)测定。

在 264 nm 的波长处分别测定比沙可啶标准溶液及比沙可啶栓剂样品溶液的吸光度，按照对照品比较法求算含量。

五、计算公式

浓度：$c_x=c_R\cdot\frac{A_x}{A_R}$

六、思考题

(1) 简述紫外－可见分光度法定量分析的基本原理。
(2) 在测定比沙可啶栓剂含量时，应注意哪些基本试验条件及操作注意点？
(3) 采用紫外－可见分光光度法测定比沙可啶栓剂含量的原理及特点。
(4) 栓剂样品在提取过程中有哪些需要注意的问题？

实验六

来氟米特片剂的制备及质量评价

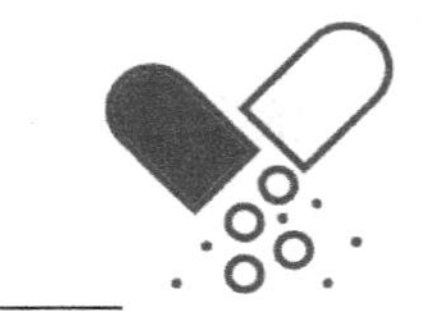

1．来氟米特原料药的合成

一、实验目的

(1) 了解来氟米特的制备方法。
(2) 巩固酯的碱性水解反应。
(3) 掌握酰胺的制备方法。

二、实验原理

来氟米特(leflunomide),化学名为:5- 甲基 -*N*-(对三氟甲基苯基)-4- 异噁唑甲酰胺,由德国 Hoechest Marion Roussel 公司开发,1998 年在美国首次上市。它具有免疫抑制和抗炎作用,是治疗类风湿性关节炎(RA)的靶向特效药。临床用做治疗类风湿性关节炎病人关节疼痛和肿胀及关节延迟性损害的口服药物。

5- 甲基 -4- 异噁唑甲酸乙酯水解后,得到 5- 甲基 -4- 异噁唑甲酸,在二氯亚砜的作用下生成酰氯,接着与对三氟甲基苯胺反应形成酰胺化合物,即来氟米特。

合成路线如下:

1 —NaOH→ 2 —$SOCl_2$→ 3

F_3C—C₆H₄—NH_2 → 来氟米特

来氟米特

三、实验仪器与试剂

仪器:三口烧瓶、球形冷凝管、烧杯、抽滤瓶、温度计、色谱柱、锥形瓶、磁力搅拌器、旋转蒸发仪。

试剂:5- 甲基 -4- 异噁唑甲酸乙酯、氢氧化钠、氯化钠、浓盐酸、三氟甲基苯胺、二氯甲烷、氯化亚砜、盐酸、无水硫酸镁、活性炭、乙酸乙酯。

四、实验内容

1. 5- 甲基 -4- 异噁唑甲酸的制备

将 5- 甲基 -4- 异噁唑甲酸乙酯(相对分子质量 155.15)的粗品 2.0 g,氢氧化钠(相对分子质量 40.00)0.52 g,水 10 mL 加入 100 mL 三口烧瓶中,搅拌,升温至 70℃,反应 15 min,TLC 检测反应完全后,用冰盐浴冷却至 10℃以下,滴加浓盐酸,调节 pH 在 2~3,抽滤,水洗,烘干,得灰白色固体。称量,计算产率。熔点:146~147℃。

2. 5- 甲基 -4- 异噁唑甲酰氯的制备

称量上述合成得到的 5- 甲基 -4- 异噁唑甲酸(相对分子质量 127.10)21 g 置于三口烧瓶中,1.2 mL 的二氯亚砜(相对分子质量 118.96,密度 1.64 g/mL,在冰水浴条件下滴加),室温反应 10 min,升温至 90℃,反应 2 h 后,溶液变为深棕色。冷却,加乙酸乙酯 10 mL,减压蒸去乙酸乙酯和过量的氯化亚砜,即得 5- 甲基 -4- 异噁唑甲酰氯 **3**,为黄棕色液体,不需精制,可用于下步反应。

3. 来氟米特的制备

冰水浴冷却条件下,在 100 mL 的反应瓶中,加入三氟甲基苯胺(相对分子质量 161.13) 1.3 g、30 mL 与乙酸乙酯混合,滴加 0.6 g 5- 甲基 -4- 异噁唑甲酰氯 **3**(相对分子质量 145.54)和 10 mL 乙酸乙酯的溶液,滴加完毕后,撤去冰水浴,升至室温搅拌反应 1~2 h,TLC 检测反应完全后,加入 20 mL 水,分出有机相,水洗后,无水硫酸镁干燥,旋蒸除去溶剂,得淡黄色固体粗品。用乙酸乙酯重结晶得白色结晶性固体粉末,即来氟米特。干燥,称量,计算产率。熔点:165~167℃。

五、注意事项

(1) 5- 甲基 -4- 异噁唑甲酸乙酯的水解反应中,水解时间 15 min 为参考,以 TLC 检测为准。

(2) 由于二氯亚砜对呼吸道具有强烈的刺激性,因此,取用二氯亚砜需要在通风橱里进行,或安装气体吸收装置。另外,二氯亚砜需要在冰水浴条件下滴加,以防反应剧烈,造成危险。

(3) 在滴加 5- 甲基 -4- 异噁唑甲酰氯 **3** 前,需先将其溶解于 10 mL 乙酸乙酯中,使用滴液漏斗缓慢滴加。

六、思考题

(1) 在 5- 甲基 -4- 异噁唑甲酸乙酯水解完成后,为什么用冰盐浴冷却至 10℃以下?

(2) 5- 甲基 -4- 异噁唑甲酰氯的制备怎么检测反应是否完全?

(3) 5- 甲基 -4- 异噁唑甲酰氯与三氟甲基苯胺反应制备来氟米特的反应,为什么不用加入缚酸剂?

(4) 酰胺是药物分子中常见的官能团,其制备还有哪些常用的方法?

(5) 用什么方法可以构建 5- 甲基 -4- 异噁唑杂环体系?

来氟米特的核磁共振谱图:

参考文献:

2. 来氟米特固体分散体片剂和普通片剂的制备

一、实验目的

(1) 掌握来氟米特固体分散体片剂和普通片剂的制备工艺。

(2) 掌握压片机的使用方法及片剂质量的检查方法。

二、实验原理

国内的来氟米特上市剂型是常规片剂和胶囊,其中片剂的规格为 5 mg、10 mg 和 20 mg,胶囊的规格为 10 mg。适应证为成人风湿性关节炎和狼疮性肾炎。

来氟米特属于 BCS 分类Ⅱ类,即低溶解性高渗透性药物。这类药物可能会由于溶解度低和溶出速度慢而导致口服生物利用度较低,往往需要通过制剂处方或工艺上的改进来增加它们的溶出度,例如采用固体分散技术、环糊精包合技术、微粉化技术等提高药物的溶出进而改善生物利用度。本实验制备来氟米特固体分散体片剂和普通片剂,并通过溶出度试验来证明固体分散技术对难溶性药物溶出速度的提高作用。

三、实验内容

（一）来氟米特固体分散体片剂的制备

1. 处方

来氟米特	2 g
微晶纤维素	4 g
乳糖	6 g
羧甲基淀粉钠	2 g
聚维酮 K30	10 g
硬脂酸镁	0.2 g
制成片剂	200 片

2. 操作

（1）固体分散体的制备：将处方量的聚维酮 K30 和来氟米特用适量无水乙醇完全溶解，之后放置于加热装置上，通过加热和搅拌使乙醇挥发。至混合物呈黏稠状。之后迅速冷却，干燥，粉碎过 60 目筛网。

（2）制粒：将粉碎后的固体分散体与除了硬脂酸镁以外的其他辅料混合，用少量水作为润湿剂，20 目筛网制粒，55℃烘干，18 目筛网整粒，加入硬脂酸镁拌匀。本步骤也可以选择将固体分散体和其余辅料混匀后直接粉末压片，参见注意事项（3）。

（3）压片：将干颗粒放入压片机料斗，调整压片机片重、片厚调节机构，进行压片。

（二）来氟米特普通片剂的制备

1. 处方

来氟米特	2 g
微晶纤维素	4 g
乳糖	16 g
羧甲基淀粉钠	2 g
硬脂酸镁	0.2 g
制成片剂	200 片

2. 操作

（1）制粒：将来氟米特与除了硬脂酸镁以外的其他辅料混合，用少量水作为润湿剂，20 目筛网制粒，55℃烘干，18 目筛网整粒，加入硬脂酸镁拌匀。

（2）压片：将干颗粒放入压片机料斗，调整压片机片重、片厚调节机构，进行压片。

（三）来氟米特片剂的初步评价

（1）外观评价：在光照充足处，观察所制备的片剂的外观，是否有缺角、裂片、表面不光滑等情况，颜色是否均匀。

（2）片重差异：从制备样品中选取 20 片外观良好且均一的，精密称定总质量，计算平均片重，之后，精密称定其中每一片的质量。计算每一片的质量与平均片重的波动差异。

$$片重差异/\%=\frac{单片质量-平均片重}{平均片重}\times 100\%$$

药典规定,0.3 g 以下的药片的片重差异限度为 ±7.5%;0.3 g 或 0.3 g 以上者为 ±5%,且超出片重差异限度的药片不得多于 2 片,并不得有 1 片超过限度的 1 倍。

(3) 崩解时限:取药片 6 片,分别置于吊篮的玻璃管中,每管各加 1 片,吊篮浸入盛有(37 ± 1) ℃水的 1 000 mL 烧杯中,开动电动机按一定的频率和幅度往复运动(每分钟 30~32 次)。从片剂置于玻璃管时开始计时,至片剂全部崩解成碎片并全部通过管底筛网止,该时间即为该片剂的崩解时间,应符合规定崩解时限。如 1 片崩解不全,应另取 6 片复试,均应符合规定。

(4) 溶出度试验:取外观检查和片重差异都合格的普通片剂及固体分散体片剂进行溶出度试验。

① 标准曲线制备。精密称定来氟米特标准品 10 mg,置于 50 mL 容量瓶中,加 30% 乙醇水溶液溶解定容,得到质量浓度为 200 μg/mL 的贮备液。然后将此溶液用水稀释,得到 1 μg/mL、2 μg/mL、5 μg/mL、10 μg/mL、15 μg/mL 的系列溶液。在 261 nm 处测定吸光度值,得到标准曲线方程。

② 溶出度试验:取制得的来氟米特固体分散体片剂 1 片,精密称定质量,置于溶出仪的转篮中,采用下列方法进行溶出度试验。

释放介质:水

温度:(37 ± 0.5) ℃

转篮转速:100 r/min

取样时间:5 min、10 min、20 min、30 min、40 min、1 h

测定方法:取溶出介质置溶出杯中,调节转篮转速为 100 r/min,将精密称定质量的药片一片(质量为 m)放在转篮内,以溶出介质接触药片时为零时刻开始计时,然后按时取样,取样位置固定在转篮上端液面中间、距离杯壁 1 cm 处,每次取样 5 mL,将样品液过滤,滤液在 261 nm 测定吸光度 A 值,必要时进一步稀释。取样后立即补充 5 mL 同温度的空白溶出介质。普通片剂按照同法取样测定。

四、注意事项

(1) 来氟米特水溶性差,目前上市产品主要是常规的片剂和胶囊,药物溶出慢且容易到达饱和,会降低体内生物利用度,甚至对于体外质量控制方法也有影响。例如,目前我国 CFDA 颁布的来氟米特片剂标准中,为了在体外溶出度试验中检测到合适的药物浓度,采用极端的溶出介质(30% 乙醇水溶液,并且含有 0.5% 的 SDS)来进行实验。这样其实不利于真实反映药物在体内的释放情况。本实验利用水作为溶出介质,能够更好地反映常规片剂和固体分散体片剂在体内的溶出情况。

(2) 对于难溶性药物而言,常常通过剂型、处方的特殊设计,来改善其口服的体内生物利用度。例如,处方中加入表面活性剂,采用能增溶的辅料,制备为固体分散体、环糊精包合物等方式。制备固体分散体的主要目标在于将难溶性药物以分子态分散于水溶性较好的辅料中,从而增加药物的溶出速度和程度。

(3) 本实验采用溶剂挥发法制备来氟米特固体分散体,主要操作在于溶解要充分,溶剂挥发要完全,降温过程应该迅速。在湿法制粒过程中润湿剂会让固体分散体部分吸潮溶解,导致其中装载的药物易于溶解并结晶，这在一定程度上影响增溶效果。因此可以尝试将固体分散体粉碎过筛后与其他辅料混匀，之后直接压片，或者填充胶囊。但采用粉末直接压片方案时，最好选择可压性较好的辅料，如乳糖、微晶纤维素等，更优的选择是其中的可直接压片的规格。

(4) 固体分散体普遍面临“老化”的问题，即过程中整溶性质逐渐下降。这主要是由于分散于其中的药物分子逐渐聚集成为晶体。一般而言，可以通过降低其中药物浓度，优选辅料等方式减弱“老化”带来的影响。

(5) 固体分散体生产中，一般会用到一些有机溶剂用于药物和辅料的溶解，生产过程中需要注意挥发溶剂带来的易燃易爆风险，特别是放置与电热鼓风烘箱中进行干燥的时候。

(6) 本实验提供的处方片重约 125 mg，可选用直径 6~8 mm 的冲头进行压片。

五、实验结果和数据处理

1. 来氟米特片剂

外观：

片重差异：

崩解时限：

2. 累计溶出度的数据处理

(1) 每片测定结果记录。

序号	1	2	3	4	5	6
取样时间 /min	5	10	20	30	40	60
A_s						
质量浓度 ρ/(μg·mL^{-1})						
累计溶出度						

(2) 溶出度的计算。

$$累计溶出度=\frac{\rho\times 样品测定时稀释倍数\times 介质总量}{药品标示量(mg)\times 1\,000}\times 100\%$$

注：标示量为实测标示量；介质总量 =1 000 mL。

六、思考题

(1) 请说明来氟米特普通片剂中各个辅料的作用和一般用量范围。

(2) 请列举常用的可用于制备固体分散体的辅料。

(3) 除了制备固体分散体外，还可以用哪些手段或工艺改善来氟米特的溶出？

(4) 试从辅料性质推测本实验制备的来氟米特固体分散体片剂与普通片剂在包装设计上的差异。

3. 来氟米特片剂的质量评价

一、实验目的

(1) 掌握片剂药品的质量评价方法。
(2) 掌握利用高效液相色谱法对来氟米特片剂进行定性、定量分析的原理。
(3) 掌握来氟米特片剂质量评价实验操作条件与要点。

二、实验原理

来氟米特片剂加乙腈溶解,以流动相稀释定容、过滤,滤液经 C_{18} 反相色谱柱分离。用二极管阵列检测器(210 nm)检测,外标法定量。来氟米特片剂含来氟米特($C_{12}H_9F_3N_2O_2$)应为标示量的 90.0%~110.0%。

三、实验仪器与条件

仪器:高效液相色谱仪,包括:流动相瓶、四元泵、自动进样器、柱温箱和二极管阵列 DAD 检测器。

条件:色谱柱:CLC-ODS 4.6 mm × 250 mm(5 μm);流动相:0.025 mol/L 磷酸二氢钾溶液(用磷酸调节 pH 至 3.0)- 乙腈(体积比为 60 : 40);流速:1.0 mL/min;柱温:40℃;检测器:DAD,检测波长:240 nm;进样量:20 μL。

四、实验内容(《中国药典》2015 年版第二部)

1. 标准溶液的配制及稀释

(1) 来氟米特标准溶液:准确称取 0.025 0 g 来氟米特标准品,加乙腈 10 mL 与流动相 20 mL,充分振摇使溶解,用流动相定容至 50 mL,得到浓度为 0.5 mg/mL 的来氟米特标准溶液,进样前经 0.45 μm 微孔滤膜过滤。

(2) 来氟米特样品溶液:取本品 20 片,精密称定,研细,精密称取适量(约相当于来氟米特 25 mg),置 50 mL 量瓶中,加乙腈 10 mL 与流动相 20 mL,振摇 20 min,使来氟米特溶解,用流动相稀释至刻度,摇匀,得到来氟米特样品溶液,进样前经 0.45 μm 微孔滤膜过滤。

(3) 其他溶液。

① 取来氟米特 0.025 0 g、(2 *Z*)-2- 氰基 -3- 羟基 -*N*-(4- 三氟甲基苯基) -2- 丁烯酰胺(杂质Ⅱ)与 *N*-(4- 三氟甲基苯基)-3- 甲基异噁唑 -4- 甲酰胺(杂质Ⅲ)各适量,加乙腈适量使溶解,

用流动相稀释制成每毫升中约含来氟米特 0.5 mg、杂质Ⅱ1.5 μg 与杂质Ⅲ0.5 μg 的混合溶液，进样前经 0.45 μm 微孔滤膜过滤。

② 精密量取 1 mL 来氟米特样品溶液，置 100 mL 量瓶中，用流动相稀释至刻度，摇匀，作为对照品溶液；取杂质Ⅰ对照品适量，加流动相溶解并定量稀释制成每毫升中约含来氟米特 0.5 μg 的溶液，作为对照品溶液。

2. 定性识别

将来氟米特标准及样品溶液分别进样分析，记录色谱图至主成分峰保留时间的 2 倍。记录的色谱图中来氟米特样品溶液主峰的保留时间应与来氟米特标准溶液主峰的保留时间一致。供试品溶液色谱图中如有杂质峰（相对主峰保留时间 0.5 倍之前的溶剂峰和辅料峰除外），杂质Ⅱ峰面积不得大于对照品溶液主峰面积的 1.5 倍（1.5%），其他单个杂质峰面积不得大于对照品溶液主峰面积的 0.2 倍（0.2%），如有与杂质Ⅰ保留时间一致的色谱峰，按外标法以峰面积计算，不得超过来氟米特标示量的 0.1%，杂质总量不得超过 2.0%。

3. 杂质检测

将来氟米特混合溶液进样分析，来氟米特峰与相邻杂质峰Ⅲ之间的分离度应大于 1.5。

4. 含量测定

照高效液相色谱法（通则 0512）测定。

将来氟米特标准及样品溶液分别进样分析，记录色谱图，按外标法以峰面积计算来氟米特片剂中来氟米特的含量。

五、计算公式

1. $R=\dfrac{2\times(t_{R2}-t_{R1})}{m_1+m_2}$

2. 含量 $\rho_x=\rho_R\cdot\dfrac{A_x}{A_R}$

六、思考题

(1) 简述高效液相色谱法进行定性、定量分析的基本原理。

(2) 采用高效液相色谱法测定来氟米特片剂含量时，应注意哪些基本试验条件及操作注意点？

(3) 2015 年版《中国药典》采用高效液相色谱法测定来氟米特片剂的含量，请说明测定的原理及测定方法的特点。

(4) 采用来氟米特片剂与其他药物联合治疗类风湿关节炎时，对配伍的药品是否可以采用本方法进行质量控制？为什么？

实验七
乌拉地尔缓释片剂和注射剂的制备及注射剂质量评价

1. 乌拉地尔原料药的合成

一、实验目的

（1）了解并学习乌拉地尔原料药的合成方法。
（2）熟练羟基氯代和 *N*– 烷基化的基本操作。

二、实验原理

乌拉地尔(urapidil)是由德国 Byk Gulden 药厂开发的降压药物，化学名为 6–[[3–[4–(2–甲氧基苯基)–1– 哌嗪基]丙基]氨基]–1，3– 二甲基 –2，4(1*H*，3*H*)– 嘧啶二酮。乌拉地尔盐酸盐的商品名为压宁定、优匹敌(Ebrantil)、利喜定，为苯嗪唑取代的尿嘧啶。其作用机制为阻滞外周 α_1 受体扩大血管，同时，对中枢 5–HT$_1$A 受体有激活作用而起到降压作用，属于多靶点药物，主要用于老年高血压危象、妊娠高血压综合征、脑出血术后恶性高血压和开胸术后患者高血压等。

6– 氯 –1，3– 二甲基 –2，4(1*H*，3*H*)– 嘧啶二酮在 DIPEA 的促进下与 3– 氨基 –1– 丙醇制备得到 6–(3– 羟丙基)氨基 –1，3– 二甲基脲嘧啶 **2**，化合物 **2** 又经羟基氯代和 *N*– 烷基化二步反应制得原料药乌拉地尔。合成路线如下：

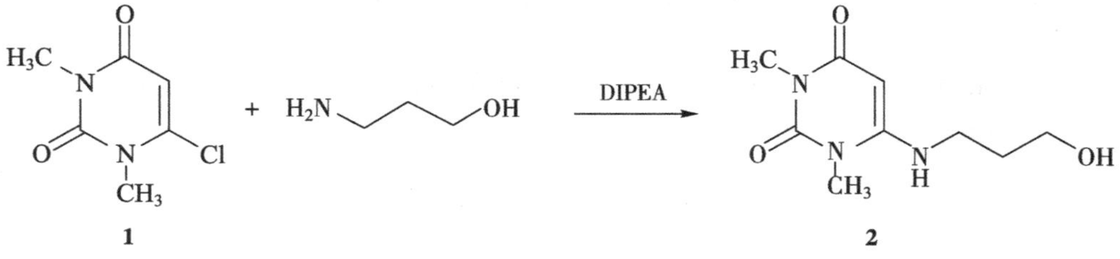

$SOCl_2$

3

乌拉地尔

三、实验仪器与试剂

仪器:三口烧瓶、单口圆底烧瓶、球型冷凝管、干燥管、温度计、烧杯、抽滤瓶、磁力搅拌器、旋转蒸发仪。

试剂:6–氯–1,3–二甲基–2,4(1*H*,3*H*)–嘧啶二酮、*N*,*N*–二异丙基乙胺(DIPEA)、异丙醇、3–氨基–1–丙醇、1,2–二氯乙烷、*N*–邻甲氧基苯基哌嗪单盐酸盐、无水硫酸镁、活性炭、乙醇、乙酸酐、氢氧化钠、氯化铵、丙酮、二氯亚砜、碳酸钠。

四、实验内容

1. 6–(3–羟丙基)氨基–1,3–二甲基脲嘧啶的制备

在 100 mL 圆底烧瓶中加入 30 mL 异丙醇和 2.10 g 6–氯–1,3–二甲基–2,4(1*H*,3*H*)–嘧啶二酮 **1**(相对分子质量 174.58),加入后溶液为固液非均相液体。缓慢加入 4 mL *N*,*N*–二异丙基乙胺(DIPEA,相对分子质量 129.25,密度 0.74 g/mL),刚加入时冒出微量白烟,溶液仍为非均相。开动搅拌 5 min 后,缓慢加入 0.9 mL 3–氨基–1–丙醇(相对分子质量 75.11,密度 0.982),加热回流 3 h(随着温度的升高,溶解性逐渐增强,大概 60℃左右,白色固体全部溶解,为均相溶液,并且溶液由无色变为淡黄色)。TLC 检测反应完全后,冷却,加入 15 mL 水,冰浴下不断搅拌至固体析出,抽滤,干燥得淡黄色固体粉末,计算产率。熔点:146~148℃。

2. 6–(3–氯丙基)氨基–1,3–二甲基脲嘧啶的制备

将 1.5 g 6–(3–羟丙基)氨基–1,3–二甲基尿嘧啶 **2**(相对分子质量 213.24)、10 mL 1,2–二氯乙烷和 7.0 mL 二氯亚砜(相对分子质量 118.97,密度 1.64 g/mL)混合,于搅拌下缓慢升温至 50℃,在此温度下反应 30 min(TLC 检测反应)。反应完成后,用冰浴冷却至固体析出,抽滤,滤饼用少量冷二氯乙烷洗涤,干燥得白色固体。称量,计算产率。熔点:146~148℃。

3. 乌拉地尔的制备

在 50 mL 的圆底烧瓶中，加入无水碳酸钠（相对分子质量 105.99）和 15 mL 水，开动搅拌，待完全溶解后，加入 0.6 g *N*– 邻甲氧基苯基哌嗪单盐酸盐（相对分子质量 228.72），搅拌 5 min 后加热至 100℃，分批加入 0.6 g 6–（3– 氯丙基）氨基 –1，3– 二甲基尿嘧啶 **3**（相对分子质量 231.68），加毕，回流 30 min（TLC 检测反应）。加水 5 mL，搅拌冷却，析出固体，滤集，水洗，干燥得淡黄色的乌拉地尔粗品。

4. 乌拉地尔的精制

将乌拉地尔粗品溶于 10 mL 乙醇中，加热至全溶，稍冷，加入少量活性炭，微沸 5 min 后，趁热过滤。滤液放冷，析出白色针状晶体，滤集，滤饼用冷乙醇洗涤，干燥，称量，计算产率。熔点：156~158℃。

五、注意事项

（1）各步给出的反应时间仅为参考，具体反应时间完全依据 TLC 检测。

（2）第一步反应在未加热前都是固液两相反应，需要充分搅拌。

（3）由于二氯亚砜对呼吸道具有强烈的刺激性，因此取用时，需要在通风橱里进行。

（4）实验内容第 2、第 3 步反应，最后反应液的晶体不易析出，可冷却过夜结晶效果较好。

六、思考题

（1）第一步反应中 DIPEA 的作用是什么？

（2）6– 氯 –1，3– 二甲基 –2，4（1*H*，3*H*）– 嘧啶二酮 **1** 可用什么方法制备？

（3）第 3 步乌拉地尔的制备反应中，无水碳酸钠的作用是什么？

（4）第 3 步乌拉地尔的制备反应中，化合物 **4** 为什么要分批加入反应液？

（5）用乙醇等有机溶剂进行重结晶操作需注意什么？

乌拉地尔的核磁共振谱图：

参考文献：

2. 乌拉地尔缓释片剂和注射剂的制备

一、实验目的

(1) 了解口服缓释制剂和注射剂的基本原理、设计方法和实现手段。
(2) 掌握口服缓释片剂的一般制备工艺。
(3) 掌握注射剂的一般制备工艺。

二、实验原理

乌拉地尔是一种血管扩张药,具有外周血管扩张降压和中枢性降压的双重作用。作用机制主要是通过对突触后膜 α_1 受体的阻断,轻微的 β_1 受体阻断及对突触前 α_2 受体的阻断来实现的。乌拉地尔可以降低外周阻力,降低血压,在降压同时不会引起反射性心动过速,而心脏排血量略增加或不变,肾、脾血流增加。乌拉地尔还能使充血性心力衰竭患者的外周血管阻力、肺动脉压和左室舒张末压降低,脉搏指数和心脏指数增加,改善充血性心力衰竭患者的血流动力学。

乌拉地尔上市剂型主要有注射剂和缓释片剂。注射剂起效迅速,主要用于治疗高血压危象(如血压急剧升高),重度和极重度高血压及难治性高血压。乌拉地尔注射剂主要规格为 5 mL,25 mg。缓释片剂作用平缓,用于原发性高血压,肾性高血压,嗜铬细胞瘤引起的高血压的治疗。主要规格为 30 mg/ 片。乌拉地尔为白色结晶或结晶性粉末;无臭,在三氯甲烷中易溶,在甲醇或乙醇中溶解,在丙酮中略溶,在石油醚或水中不溶;在 0.1 mol/L 盐酸中略溶。本药物口服吸收良好。本实验提供注射剂和缓释片剂的处方工艺,可供选用。

口服缓释制剂能在服药后较长时间内持续缓慢地释放药物,以达到减少血药浓度“峰谷”现象,从而达到减少给药次数,降低药物毒性,延长药效等作用。口服缓释制剂的常见剂型主要有缓释片剂、缓释胶囊、缓释微丸、渗透泵等,其中缓释片剂最为常见。口服缓释制剂的实现原理主要有控制溶出、控制扩散、溶蚀和扩散结合、渗透泵等。不过,在一种缓释制剂中,往往多种作用都会存在。

就口服缓释片剂而言,其实现形式主要分为骨架型和储库型两大类。骨架型缓释片剂一般通过对片剂基质材料和配比进行选择,来控制其中药物的释放速度。而储库型缓释片剂则通过包衣、渗透泵等方式来控制药物的释放。对于储库型缓释片剂而言,如果包衣发生破裂,则药物可能发生突释而产生安全性问题。而骨架型缓释片剂由于结构均一,因此不存在这方面的问题。骨架型缓释片剂根据所使用的骨架材料的不同,可分为不溶性骨架片剂、溶蚀性骨架片剂和亲水凝胶骨架片剂。不溶性骨架片剂采用水不溶性骨架材料,如乙基纤维素、丙烯酸树脂等,药物在不溶性骨架片剂中以扩散形式释放。溶蚀性骨架片剂采用水不溶但可溶蚀的蜡质材料制成,如巴西棕榈蜡、硬脂醇等,骨架材料在体液中逐渐溶蚀、解离,药物伴随制剂表面的溶蚀、分散过程而释放。亲水凝胶骨架片剂由羧基纤维素钠、羟丙甲纤维素、海藻酸盐等容易形成凝胶的材料制成。在体液环境中,片剂外围吸水形成凝胶层,药物穿过水凝胶层释放,速度受到控制。释放过程中,凝胶层不断向片剂中心扩散,同时外围凝胶层会不断脱落。相比于包衣缓释片剂,骨架型缓释片剂工艺与常规片剂更为一致,包衣流程及设备也非必需,影响制备成功的因素更少,因此本实验采用乌拉地尔制备骨架缓释片剂。

三、实验内容

(一) 乌拉地尔普通片剂的制备

1. 处方

乌拉地尔	3 g
淀粉	25 g
淀粉浆(18%)	适量
硬脂酸镁	0.3 g
制成片剂	100 片

2. 操作

(1) 捏合制软材:取乌拉地尔,加入处方量淀粉混匀,加入适量淀粉浆,捏合制作软材。

(2) 制湿颗粒:将软材通过 18 目筛网制湿颗粒。

(3) 干燥:将得到的湿颗粒均匀铺在不锈钢盘上,放入烘箱,55℃干燥约 1 h。

(4) 整粒:将干颗粒通过 16 目筛网整粒,加入硬脂酸镁拌匀。

(5) 压片:将干颗粒放入压片机料斗,调整压片机片重、片厚调节机构,压片,即得。

(二) 乌拉地尔骨架缓释片剂的制备

1. 处方

乌拉地尔	3 g
HPMC K15M	3 g
HPMC K4M	2.5 g
乳糖	6 g
微晶纤维素	12 g
滑石粉	0.3 g
硬脂酸镁	0.3 g
5%PVP K30 溶液	适量
制成片剂	100 片

2. 操作

(1) 将乌拉地尔粉末、HPMC K15M、HPMC K4M、乳糖、微晶纤维素等辅料用研钵研匀(或提前用粉碎机粉碎),过 80 目筛网,混匀。

(2) 在混匀后的粉末中加入黏合剂 5%PVP K30(用 80% 乙醇溶液溶解)适量,制软材,过 18 目筛网制湿颗粒。

(3) 将湿颗粒平铺在不锈钢盘上,放入 50℃烘箱中干燥 1 h,用 16 目筛网整粒。

(4) 在干颗粒中加入硬脂酸镁、滑石粉，混匀，之后使用 10 mm 浅凹冲头压片。

（三）乌拉地尔片剂的初步质量检查和评定

1. 外观评价

在光照充足处，观察所制备的片剂的外观，是否有缺角、裂片、表面不光滑等情况，颜色是否均匀。

2. 片重差异

从制备样品中选取 20 片外观良好且均一的，精密称定总质量，计算平均片重，之后，精密称定其中每一片的质量。计算每一片的质量与平均片重的波动差异。

$$片重差异/\% = \frac{单片质量 - 平均片重}{平均片重} \times 100\%$$

药典规定，0.3 g 以下的药片的片重差异限度为 ±7.5%；0.3 g 或 0.3 g 以上者为 ±5%，且超出片重差异限度的药片不得多于 2 片，并不得有 1 片超过限度的 1 倍。

3. 溶出度实验

取外观检查和片重差异都合格的缓释片剂及普通片剂进行溶出度实验。

(1) 标准曲线制备：精密称定乌拉地尔标准品 10 mg，置于 50 mL 容量瓶中，加 0.1 mol/L 盐酸溶解定容，得到浓度为 200 μg/mL 的贮备液。然后将此溶液用 0.1 mol/L 盐酸稀释，得到 1 μg/mL、2 μg/mL、5 μg/mL、10 μg/mL、15 μg/mL 的系列溶液。在 268 nm 处测定吸光度值，得到标准曲线方程。

(2) 溶出度试验：取制得的乌拉地尔缓释片剂 1 片，精密称定质量，置于溶出仪的转篮中，采用下列方法进行溶出度试验。

释放介质：0.1 mol/L 盐酸

温度：(37 ± 0.5) ℃

转篮速度：100 r/min

取样时间：0.5 h、1 h、2 h、3 h、4 h、6 h、8 h、12 h

测定方法：取溶出介质置溶出杯中，调节转篮转速为 100 r/min，将精密称定质量的药片一片(m)放在转篮内，以溶出介质接触药片时为零时刻开始计时，然后按 5 min、15 min、0.5 h、1 h、2 h、3 h、4 h、6 h、8 h、12 h 定时取样，取样位置固定在转篮上端液面中间、距离杯壁 1 cm 处，每次取样 5 mL，将样品液过滤，吸取滤液 3 mL，在 268 nm 测定吸光度 A 值，必要时稀释。取样后立即补充 5 mL 同温度的空白溶出介质。普通片剂按照上述条件在 5 min、15 min、30 min、1 h 分别取样并按上法测定。

（四）乌拉地尔注射剂的制备

1. 处方

乌拉地尔	1 g
氯化钠	1.8 g
盐酸	0.28 mL
加注射用水至	200 mL
制成注射剂	40 支

2. 操作

(1) 容器和器具的前处理：

① 安瓿先用水冲洗，再用2%氢氧化钠溶液于50~60℃超声浸泡15 min，之后洗至中性，蒸馏水冲洗3次，注射用水冲洗2次，口向下125℃干燥1 h，备用。

② 微孔滤膜浸泡于注射用水中1 h，之后煮沸5 min，重复3次，备用。

③ 其余设备均仔细清洗后用注射用水冲洗。

(2) 配液、灌装、灭菌：

① 按处方量称取乌拉地尔放入洁净的烧杯，加入以注射用水稀释10倍得到的稀盐酸(1 mol/L)，搅拌使溶解，加入注射用水约150 mL，用0.1 mol/L的氢氧化钠溶液调节pH至6~7，加入氯化钠，搅拌使溶解后，加入0.2%的针用活性炭，50℃下搅拌30 min，趁热过滤，注射用水加至全量，0.45 μm微孔滤膜过滤。

② 用清洁的注射器将滤液灌装到5 mL安瓿中，使用单焰灯或双焰灯进行熔封。熔封过程注意选择火焰温度较高的外焰部分(一般是黄蓝两层火焰交界处)。

(3) 115℃热压灭菌30 min，即得。

(五) 乌拉地尔注射剂的初步质量检查

(1) 澄明度：取供试品，置检查灯下距光源约20 cm处。先与黑色背景，次与白色背景对照。用手挟持安瓿颈部，轻轻反复倒转，使药液流动，在与供试品同高的位置并相距15~20 cm处，用目检视，不得有可见混浊与不溶物(如纤维、玻璃屑、白点、白块、色点等)。

(2) 装量：注射剂的标示量为2 mL或2 mL以下者取供试品5支，2 mL以上至10 mL者取供试品3支，10 mL以上者取供试品2支。开启时避免药液损失，将内容物分别用干燥的注射器(预经标化)抽尽，在室温下检视。测定油溶液或混悬液的装量时，应先加温摇匀，再用干燥注射器抽尽后，放冷至室温检视。每支注射剂的装量均不得少于其标示量。

(3) pH测定：用经过校准的pH进行测定，本品pH应在4~7。

(4) 含量：根据试验条件，配制系列标准溶液，选择用紫外或高效液相法进行测定。

(5) 微生物及热原：根据实验条件按照《中国药典》附录相关规定开展。

四、注意事项

(1) 本实验所设计片剂的规格为片重0.3 g，含主药30 mg。建议使用10 mm冲头进行压片。

(2) 溶出仪是测定缓控释制剂体外释放性质的最主要工具，在该类产品的研发和生产中起到重要作用，其结构的简单介绍可以参考相关教材。作为一个精密仪器，其转轴准直性、转速精密性、转篮筛网孔径、转篮安装位置等均有严格的要求，因此在使用过程中应细心观察和学习后再动手，避免粗暴用力。转篮是用40目不锈钢筛网制成的圆筒，高3.66 cm，直径2.5 cm，顶部通过金属棒连接于变速电动机上。转篮悬吊于盛有溶媒的容器中，距溶出杯底2.5 cm，使用前安装就绪，使用溶出仪附带工具测定距离。之后开动电动机空转，检查电路是否畅通，有无异常噪音，转篮的转动是否平稳且不易掉落，加热恒温装置及变速装置是否正常，如一切符合要求，就可以开始测定样品。

(3) 取样时使用溶出取样针和注射器相配合吸取溶出杯中的溶液，过滤时可以使用一次性针头过滤器。操作过程中注意溶出针头不要伤人。

(4) 根据药典规定，应同时测定6片的溶出度，鉴于实验设备数量限制，每实验组仅要求完成 1 片的测试。

(5) 乌拉地尔含有碱性基团，与盐酸成盐后可提高水溶性。本处方中盐酸的用量略高于乌拉地尔的量，以保证乌拉地尔完全溶解。为防止注射剂 pH 过低导致稳定性下降或刺激性过强，必要时用 0.1 mol/L 的氢氧化钠溶液调节 pH 至规定范围。乌拉地尔 pK_a 为 7.10，当注射剂 pH 大于 7.10 时，会出现沉淀，因此 pH 也不能高于 7。

(6) 乌拉地尔注射剂可用于静脉注射，因此加入适量氯化钠溶液调节等渗。因乌拉地尔相对分子质量较大，其产生的渗透压很小可忽略不计，因此本处方中氯化钠溶液的浓度就选择生理盐水的浓度。

五、实验结果和数据处理

1. 乌拉地尔片剂

外观：

片重差异：

2. 累计溶出度的数据处理

(1) 每片测定结果记录。

序号	1	2	3	4	5	6	7
取样时间 /h	0.5	1	2	4	6	8	12
A_s							
质量浓度 ρ/(μg·mL^{-1})							
累计溶出度							

(2) 溶出度的计算。

$$累计溶出度=\frac{\rho\times样品测定时稀释倍数\times介质总量}{药品标示量(mg)\times1\,000}\times100\%$$

注：标示量为实测标示量；介质总量 =1 000 mL。

3. 将所制备乌拉地尔注射剂的各项质量检查结果进行记录，包括澄明度、装量、pH、含量

六、思考题

(1) 试分析实验乌拉地尔常规片剂和缓释片剂中各个辅料成分的作用。

(2) 如果制备的乌拉地尔片剂不合格，请讨论可能的原因。

(3) 如果按照处方制备得到的乌拉地尔注射剂中药物含量无法达到标示量，请分析可能的原因和解决方法。

(4) 在绘制累计溶出度曲线时，有可能会出现曲线到达最高点后逐渐下降的情况，请分析可能的原因。

3. 乌拉地尔注射剂的质量评价

一、实验目的

(1) 掌握注射剂药品的质量评价方法。

(2) 掌握利用高效液相色谱法对乌拉地尔注射剂进行定性、定量分析的原理。

(3) 掌握乌拉地尔注射剂质量评价实验操作条件与要点。

二、实验原理

乌拉地尔注射剂加流动相稀释、过滤，滤液经 C_{18} 反相色谱柱分离。用二极管阵列检测器(268 nm)检测，外标法定量。乌拉地尔注射剂含乌拉地尔($C_{20}H_{29}N_5O_3$)应为标示量的93.0%~107.0%。

三、实验仪器与条件

仪器：高效液相色谱仪，包括：流动相瓶、四元泵、自动进样器、柱温箱和二极管阵列DAD检测器。

条件：色谱柱：CLC-ODS　4.6 mm × 250 mm (5 μm)；流动相：醋酸钠溶液(取无水醋酸钠8.2 g和冰醋酸40 mL，加水溶解并稀释至600 mL) - 甲醇(体积比70 : 30)；流速：1.0 mL/min；柱温：40℃；检测器：DAD，检测波长：268 nm；进样量：20 μL。

四、实验内容(《中国药典》2015年版第二部)

1. 标准溶液的配制及稀释

(1) 乌拉地尔标准溶液：准确称取0.025 0 g乌拉地尔标准品于25 mL容量瓶中，加流动相溶解并稀释至刻度，摇匀，再精密量取5 mL，置50 mL容量瓶中，用流动相稀释至刻度，摇匀，得到浓度约为0.1 mg/mL的乌拉地尔标准溶液，进样前经0.45 μm微孔滤膜过滤。

(2) 乌拉地尔注射剂样品溶液：精密量取乌拉地尔注射剂2.0 mL，置100 mL容量瓶中，用流动相稀释至刻度，摇匀，得乌拉地尔注射剂样品溶液，进样前经0.45 μm微孔滤膜过滤。

(3) 混合溶液：取乌拉地尔对照品和1,3-二甲基-4-(γ-氯丙基氨基)尿嘧啶(杂质Ⅰ)对照品适量，加流动相溶解并稀释制成每毫升中分别含乌拉地尔0.1 mg与杂质Ⅰ0.01 mg的混合溶液，进样前经0.45 μm微孔滤膜过滤。

2. 定性识别

将乌拉地尔标准溶液及注射剂样品溶液分别进样分析，记录的色谱图中乌拉地尔注射剂样品溶液主峰的保留时间应与乌拉地尔标准溶液主峰的保留时间一致。

将混合样品进样分析，记录色谱图至主成分峰保留时间的2倍。供试品溶液的色谱图中如有杂质峰，单个杂质峰面积不得大于对照溶液主峰面积（0.5%），各杂质峰面积的和不得大于对照品溶液主峰面积的2倍（1.0%）。

3. 杂质检测

将混合样品进样分析，乌拉地尔峰与杂质Ⅰ峰的分离度应大于1.5，理论板数按乌拉地尔峰计算不低于2 000。

4. 含量测定

照高效液相色谱法（通则0512）测定。

将乌拉地尔标准溶液及注射剂样品溶液分别进样分析，记录色谱图，按外标法以峰面积计算乌拉地尔注射剂中乌拉地尔的含量。

五、计算公式

1. $n=16\left(\frac{t_R}{m}\right)^2$

2. $R=\frac{2\times(t_{R2}-t_{R1})}{m_1+m_2}$

3. 含量 $\rho_x=\rho_R\cdot\frac{A_x}{A_R}$

六、思考题

（1）简述注射剂的基本质量标准。

（2）对注射剂进行定性、定量分析的常用方法有哪些？各有哪些优缺点？

（3）采用高效液相色谱法测定乌拉地尔注射剂含量时，应注意哪些基本实验条件及操作注意点？

（4）2015年版《中国药典》采用高效液相色谱法测定乌拉地尔注射剂含量，请说明测定的原理及测定方法的特点。

实验八

苯妥英钠片剂的制备及质量评价

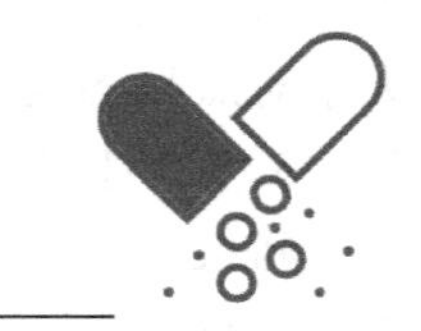

1. 苯妥英钠原料药的合成

一、实验目的

(1) 学习安息香缩合反应的原理和维生素 B_1 为催化剂进行反应的实验方法。
(2) 了解联苯酰－二苯乙醇酸重排的机理。

二、实验原理

苯妥英钠为抗癫痫及抗心律失常药。能阻止脑部病灶发生的异常电位活动向周围正常脑组织的扩散,而起到抗癫痫的作用。对心脏的作用,能直接抑制心室和心房的异位自律点,加速房室结的传导,缩短不应期。苯妥英钠化学名为 5,5- 二苯基乙内酰脲,为白色粉末,无臭,味苦;有吸湿性,易溶于水,溶于乙醇,几不溶于乙醚和氯仿。水溶液显碱性反应,因水解而显混浊。试验中以苯甲醛 **1** 和维生素 B_1 为原料,通过缩合、氧化和环合三步反应来合成苯妥英钠 **5**。合成路线如下:

2 CHO (1) —维生素B_1, 60~75℃→ HO … O (2) —HNO_3→ O … O (3)

1 **2** **3**

3 + $H_2N-CO-NH_2$ $\xrightarrow{NaOH}$ 苯妥英钠

三、实验仪器与试剂

仪器：磁力搅拌电热套、50 mL 圆底烧瓶、100 mL 三口烧瓶、回流冷凝管、抽滤瓶。

试剂：苯甲醛、维生素 B_1、95% 乙醇溶液、氢氧化钠、脲素、活性炭、盐酸。

四、实验内容

1. 安息香辅酶合成

在干燥的 50 mL 圆底烧瓶内加入 0.9 g 维生素 B_1(相对分子质量 300.81)、2 mL 水，使其溶解，再加 7.5 mL 95% 乙醇溶液，装上回流冷凝管，在冰水浴冷却及不时摇动下，自冷凝管顶端加入 0.80 mL 12% 的 NaOH 溶液，当碱液加入一半时，溶液呈黄色，随碱液加多，颜色变深，至 pH ≥ 10。量取 5 mL 苯甲醛(相对分子质量 106.12，密度 1.04 g/mL)，倒入反应混合物中，于 60~75℃的油浴上加热 70~80 min，此时溶液 pH 应为 8~9。反应混合物冷却后，即有白色晶体析出，抽滤，用冷水洗涤 1~2 次，干燥后称量粗产品，计算产率。

2. 联苯甲酰的制备

在装有搅拌器、温度计、回流冷凝管的 100 mL 三口烧瓶中，投入 3 g 安息香 **2**、7.5 mL 稀硝酸[$V(HNO_3):V(H_2O)=1:0.6$]。开动搅拌，用油浴加热，逐渐升温至 110~120℃，反应 2 h (反应中产生的氧化氮气体，可从冷凝器顶端装一导管，将其通入水池中排出)。反应毕，在搅拌下，将反应液倾入 20 mL 热水中，搅拌至结晶全部析出。抽滤，结晶用少量水洗，干燥，得粗品。

3. 苯妥英的制备

在装有搅拌器、温度计、回流冷凝管的 100 mL 三口烧瓶中，投入 2 g 联苯甲酰 **3**、0.7 g 脲素(相对分子质量 60.06)、20%NaOH 溶液 6 mL、50% 乙醇溶液 10 mL，开动搅拌，油浴加热，回流反应 30 min。反应完毕，反应液倾入 60 mL 沸水中，加入活性炭，煮沸 10 min，放冷，抽滤。滤液用 10% 盐酸调至 pH 6，放置析出结晶，抽滤，结晶用少量水洗，得苯妥英粗品。

4. 成盐与精制

将苯妥英粗品置 100 mL 烧杯中，按粗品与水体积比为 1∶4 的比例加入水，水浴加热至 40℃，加入 20%NaOH 溶液至全溶，加活性炭少许，在搅拌下加热 5 min，趁热抽滤，滤液加氯化钠至饱和。放冷，析出结晶，抽滤，少量冰水洗涤，干燥得苯妥英钠，称量，计算产率。

五、注意事项

(1) 催化剂维生素 B_1 易吸水，受热易分解变质，故应使用新鲜的维生素 B_1。其用量也直接关系到反应的效果。用量太小，反应不完全，安息香缩合一步产率低，用量多也是浪费。

(2) 苯甲醛易被空气氧化，长期放置的苯甲醛里含有苯甲酸，也影响实验效果。建议使用新蒸馏的苯甲醛。

(3) 碱的浓度对反应影响很大。安息香缩合和二苯乙二酮均要在碱性条件下进行，具体的 pH 需用实验验证。

(4) 反应时间和温度。合成安息香辅酶是生物催化反应，反应在 60~70℃水浴中，需严格控制温度，切勿加热剧烈。反应时间长可以使反应充分完全，但也要从实际考虑。

(5) 氧化剂。在二苯基乙二酮的合成中，本实验用硝酸作氧化剂，产生了大量腐蚀性气体，可在冷凝管中看到棕黄色气体，建议使用 Fe^{3+} 作氧化剂，可避免上述污染，有报道采用 $FeCl_3 \cdot 6H_2O$/ 冰醋酸后，产物产率达 95% 以上。

(6) 加入量。在苯妥英的合成中，应分批加入 30%NaOH 溶液，若一次性加入，则会产生副反应，使溶液颜色过深，若脱色不完全所得产物呈黄色；且降低产率。

六、思考题

(1) 试述维生素 B_1 在安息香缩合反应中的作用。

(2) 制备联苯酰时，反应温度为什么要逐渐升高？氧化剂为什么要用稀硝酸？

(3) 试述联苯酰 – 二苯乙醇酸重排的机理。

(4) 本品精制的原理是什么？

苯妥英钠的核磁共振谱图：

参考文献：

2. 苯妥英钠片剂的制备

一、实验目的

(1) 掌握湿法制粒压片的一般工艺。

(2) 掌握压片机的使用方法及片剂质量的检查方法。

二、实验原理

1939 年,苯妥英(钠)最早在美国上市,由辉瑞生产。目前,国内的苯妥英钠上市剂型是片剂,规格为 50 mg/ 片和 100 mg/ 片。适应征为适用于治疗全身强直 – 阵挛性发作、复杂部分性发作(精神运动性发作、颞叶癫痫)、单纯部分性发作(局限性发作)和癫痫持续状态。

苯妥英钠易溶于水,但在体内吸收缓慢,口服后约 12 h 达到高峰。这是一个用于控制癫痫大发作的药物,过快吸收或是过高的血药浓度会导致毒性反应。因此目前并未有改善其生物利用度的临床需求。本实验制备最为经典的片剂。

三、实验内容

(一) 苯妥英钠片剂的制备

1. 处方

苯妥英钠	5 g
糊精	0.7 g
滑石粉	0.7 g
硬脂酸镁	0.06 g
制成片剂	100 片

2. 操作

(1) 捏合制软材:取苯妥英钠,加入处方量滑石粉和糊精混匀,用水作润湿剂,迅速捏合制作软材。

(2) 制湿颗粒:将软材通过 16 目筛网制湿颗粒。

(3) 干燥:将得到的湿颗粒均匀铺在搪瓷盘上,放入烘箱,先低温(55℃)干燥 1 h,之后再升温至 80℃干燥。过程中观察颗粒干燥程度。

(4) 整粒:将干颗粒通过 16 目筛网整粒,加入硬脂酸镁拌匀。

(5) 压片:将干颗粒放入压片机料斗,调整压片机片重、片厚调节机构,压片,得到的片剂需要密封保存。

(二) 苯妥英钠片剂的初步评价

(1) 外观评价:在光照充足处,观察所制备的片剂的外观,是否有缺角、裂片、表面不光滑等情况,颜色是否均匀。

(2) 片重差异:从制备样品中选取 20 片外观良好且均一的,精密称定总质量,计算平均片重,之后,精密称定其中每一片的质量。计算每一片的质量与平均片重的波动差异。

$$\text{片重差异}/\% = \frac{\text{单片质量} - \text{平均片重}}{\text{平均片重}} \times 100\%$$

药典规定,0.3 g 以下的药片的片重差异限度为 ±7.5%;0.3 g 或 0.3 g 以上者为 ±5%,且超出片重差异限度的药片不得多于 2 片,并不得有 1 片超过限度的 1 倍。

(3) 崩解时限:取药片 6 片,分别置于吊篮的玻璃管中,每管各加 1 片,吊篮浸入盛有(37±1)℃水的1 000 mL烧杯中,开动电动机按一定的频率和幅度往复运动(每分钟30~32次)。从片剂置于玻璃管时开始计时,至片剂全部崩解成碎片并全部通过管底筛网止,该时间即为该片剂的崩解时间,应符合规定崩解时限。如1片崩解不全,应另取6片复试,均应符合规定。

四、注意事项

(1) 苯妥英钠易溶于水,在空气中有微弱的吸湿性,并可以逐渐吸收二氧化碳,析出溶解性相对较差的苯妥英钠结晶。因此制备剂型时应该操作迅速,压片结束后,应密闭保存或是对素片进行包衣,以增加其稳定性。

(2) 本实验提供的处方适用于压制较小的片剂,可使用直径6 mm的冲模进行压制,片重约65 mg。该处方中,主药含量约在75%。这是因为在剂型设计和制备中,一般都希望减少辅料用量从而减少给药体积和制造成本。苯妥英钠自身具有较好的可压性,所以并不需要加入较多辅料。

(3) 如果实验室中没有较小的冲模,也可以通过增加辅料比例的方法压制,片重更大,但是药物标示含量仍然为50 mg/片。同时由于辅料含量增加,可压性增加,压片所需压力还可降低,有助于机器寿命的延长。但是需要注意处方调整带来的药物溶出和体内生物利用度的改变。

(4) 主药和辅料的混合过程,可以在小烧杯等容器中进行。对于做实验而言,更简洁的方式是在小型自封袋中混匀,但要注意静电的影响。

(5) 颗粒的干燥必须充分。实际生产中一般是采用水分测定仪检测颗粒的干燥情况,在试验中,我们可以通过用手"捻压"颗粒的方式来感受其中的水分,如果捻压时感觉颗粒有"黏"的感觉,则说明颗粒干燥还不充分,这样的颗粒进入压片机后,很容易导致黏冲现象的产生。

(6) 由于实验过程中各个小组制备得到的颗粒粒度粗细不同,紧实程度不同,因此其流动性、压缩性等影响片剂成形性的参数也就不同,导致压片机在同一个参数下压出的片剂也会产生不同的片重和硬度,极端情况下甚至完全压不成片或者压片机卡死。因此,在整个压片过程中,需要不断监控压制片剂的硬度和质量,并通过适当调整压片机下冲下降的最大距离(一般用于调整片重),以及压片机上冲下降的距离(一般用于调整片剂的厚度和硬度),来获得合适的片剂。

五、实验结果和讨论

(1) 苯妥英钠片。

外观:

片重差异:

崩解时限:

结论:

(2) 如果制备的片剂不合格,请讨论可能的原因。

六、思考题

(1) 试分析实验处方中各辅料成分的作用,并说明如何正确使用。

(2) 请说明什么样的颗粒适合压片,若要制备适合于压片的颗粒,需要注意哪些操作?

(3) 如果制备过程中发现软材过黏,可以采取什么措施?

(4) 本实验所用冲模较小,容易发生辅料过程下料不均匀导致压制的片重差异较大,试分析可能的解决策略。

3. 苯妥英钠片剂的质量评价

一、实验目的

(1) 掌握片剂药品的质量评价方法。

(2) 掌握利用高效液相色谱法对苯妥英钠片进行定性、定量分析的原理。

(3) 掌握苯妥英钠片质量评价实验操作条件与要点。

二、实验原理

苯妥英钠片加流动相溶解、稀释、过滤,滤液经 C_{18} 反相色谱柱分离。用二极管阵列检测器(220 nm)检测,外标法定量。苯妥英钠片含苯妥英钠($C_{15}H_{11}N_2NaO_2$)应为标示量的 93.0%~107.0%。

三、实验仪器与条件

仪器:高效液相色谱仪,包括:流动相瓶、四元泵、自动进样器、柱温箱和二极管阵列 DAD 检测器。

条件:色谱柱:CLC-ODS　4.6 mm × 250 mm(5 μm);流动相:0.05 mol/L 磷酸二氢铵溶液(用磷酸调节 pH 至 2.5)- 乙腈 - 甲醇 45 : 35 : 20);流速:1.5 mL/min;柱温:40 ℃;检测器:DAD,检测波长:220 nm;进样量:20 μL。

四、实验内容(《中国药典》2015 年版第二部)

1. 标准溶液的配制及稀释

(1) 苯妥英钠标准溶液:准确称取 0.010 0 g 苯妥英钠标准品于 10.0 mL 比色管中,加流动相溶解并稀释至刻度,摇匀,再精密量取 5 mL,置 100 mL 容量瓶中,用流动相稀释至刻度,摇匀，得到浓度约为 50 μg/mL 的苯妥英钠标准溶液，进样前经 0.45 μm 微孔滤膜过滤。

(2) 苯妥英钠片样品溶液：取本品 20 片，精密称定，研细，精密称取适量(约相当于苯妥英钠 25 mg)，置 50 mL 容量瓶中，加流动相适量，振摇 30 min 使苯妥英钠溶解，用流动相稀释至刻度，摇匀，过滤，精密量取续滤液 5 mL，置 50 mL 容量瓶中，用流动相稀释至刻度，摇匀，作为苯妥英钠片样品溶液，进样前经 0.45 μm 微孔滤膜过滤。

(3) 混合溶液：取 2- 羟基 -1，2- 二苯基乙酮(杂质 I)与苯妥英钠对照品各适量，加少量甲醇溶解，用流动相稀释制成每毫升中约含杂质 I 0.15 mg 与苯妥英钠 0.1 mg 的混合溶液，进样前经 0.45 μm 微孔滤膜过滤。

2. 定性识别

将苯妥英钠标准溶液及样品溶液分别进样分析，记录的色谱图中苯妥英钠样品溶液主峰的保留时间应与苯妥英钠标准溶液主峰的保留时间一致。

将混合样品进样分析，供试品溶液色谱图中如有杂质峰，除相对保留时间 0.3 前的色谱峰不计，各杂质峰面积的和不得大于对照溶液主峰面积(1.0%)。

3. 杂质检测

将混合样品进样分析，出峰顺序为苯妥英钠与杂质 I，两峰间的分离度应大于 1.5，理论板数按苯妥英钠峰计算不低于 5 000。

4. 含量测定

照高效液相色谱法(通则 0512)测定。

将苯妥英钠标准溶液及样品溶液分别进样分析，记录色谱图，按外标法以峰面积计算苯妥英钠片剂中苯妥英钠的含量。

五、计算公式

1. $n=16\left(\frac{t_R}{m}\right)^2$

2. $R=\frac{2\times(t_{R2}-t_{R1})}{m_1+m_2}$

3. 含量 $\rho_x=\rho_R\cdot\frac{A_x}{A_R}$

六、思考题

(1) 可用于苯妥英钠片剂含量分析的分析方法有哪些？它们各有哪些优缺点？

(2) 高效液相色谱法测定苯妥英钠片剂含量时，应注意哪些基本试验条件及操作注意点？

(3) 2015 年版《中国药典》采用高效液相色谱法测定苯妥英钠片剂含量，请说明测定的原理及测定方法的特点。

(4) 苯妥英钠片剂样品在处理过程中，为何采用流动相稀释，而不是采用溶剂稀释？

实验九

依达拉奉注射剂的制备及质量评价

1. 依达拉奉原料药的合成

一、实验目的

(1) 通过本实验,掌握依达拉奉的合成方法。
(2) 熟悉苯胺类化合物的反应条件。
(3) 熟悉注射剂工艺规程。

二、实验原理

依达拉奉是一种脑保护剂。脑梗塞急性期患者给予依达拉奉,可抑制梗塞周围局部脑血流量的减少。依达拉奉可清除自由基,抑制脂质过氧化,从而抑制脑细胞、血管内皮细胞、神经细胞的氧化损伤。依达拉奉化学名为 3- 甲基 -1- 苯基 -2- 吡唑啉 -5- 酮,为白色结晶或粉末。熔点 126~128℃,沸点 287℃ (35.3 kPa)。溶于水,微溶于醇和苯,不溶于醚、石油醚及冷水。可通过苯肼 **1** 与乙酰乙酸乙酯 **2** 经缩合反应制得。合成路线如下:

$NHNH_2$ + H_3C O O O CH_3 → N N CH_3 O

1 **2** 依达拉奉

三、实验仪器与试剂

仪器:磁力搅拌电热套、100 mL 三口烧瓶、球型冷凝器、滴液漏斗、抽滤瓶。
试剂:苯肼、乙酰乙酸乙酯、无水乙醇、冰醋酸。

四、实验内容

1. 依达拉奉的合成

在装有搅拌器和球型冷凝器的 100 mL 三口烧瓶中，加入 20 mL 无水乙醇、1.8 mL 苯肼（相对分子质量 108.14，密度 1.10 g/mL）、2.6 mL 乙酰乙酸乙酯 **2**（相对分子质量 130.14，密度 1.03 g/mL），开动搅拌，待溶液混匀后，加入 2 mL 冰醋酸（相对分子质量 60.05，密度 1.05 g/mL），加热升温至回流，反应过程应尽量避光，回流 2 h 后，TLC 检测直到反应完全。停止加热，搅拌冷却至 0~10℃，搅拌结晶 1.0 h，抽滤，用预冷的无水乙醇分两次洗涤粗品，抽干，粗品减压干燥 2.0 h，称量，计算产率。

2. 依达拉奉的精制

取依达拉奉粗品 1 g，无水乙醇 10 mL，加入圆底烧瓶中，搅拌，加热至回流，溶解，趁热过滤，用无水乙醇洗涤圆底烧瓶、过滤器，滤液冷却至 0~10℃，结晶，抽滤，用 0~5℃无水乙醇分 2 次洗涤滤饼，抽干，滤饼在（50 ± 5）℃减压（0.06~0.08 MPa）干燥 2.0 h，称量，计算产率。

五、注意事项

（1）第一步成环反应为乙酰乙酸乙酯与苯肼反应，脱水，脱乙醇。反应会产生水，且乙酰乙酸乙酯会水解。

（2）反应尽量避光，因为苯肼类化合物有光敏性，易氧化。

（3）依达拉奉在常温下对乙醇有较大的溶解性，在精制的抽滤洗涤过程中所用乙醇必须先在冰水浴中预冷却，否则会严重影响产率。

六、思考题

（1）试推导成环反应的反应机理。

（2）影响依达拉奉纯度的主要影因素是什么？为什么在后处理前放置时间越长其颜色会越变越深？

（3）反应中加入冰醋酸的作用是什么？

依拉达奉的核磁共振谱图：

参考文献：

2. 依达拉奉注射剂的制备

一、实验目的

(1) 通过实验掌握注射剂(水针)共性的生产工艺和操作要点。
(2) 熟悉注射剂质量检查标准和方法。

二、实验原理

注射剂(injection)又称水针,指将药物制成的供注入体内的无菌溶液、乳状液和混悬液,以及供临用前配成溶液或混悬液的无菌粉末。注射剂一般具有起效迅速、可定位给药、作用可靠的特点,同时对生产过程和质量控制都极其严格。

注射剂常用溶剂分为水性溶剂、油溶性溶剂和其他非水性溶剂,最常用的水性溶剂为注射用水,常用的油性溶剂为大豆油、花生油,非水性溶剂主要有聚乙二醇。此外,注射剂中往往还添加有渗透压调节剂、pH 调节剂、增溶剂、助溶剂、抗氧化剂、抑菌剂、止痛剂等添加剂,以改善注射剂的稳定性和患者用药的顺应性。

注射剂的整个工艺流程一般包括注射用水的制备,容器的清洁,以及注射剂的配制三大部分。随着技术的进步,越来越多的注射剂容器是在灌装现场由无菌原料在无菌环境和工艺下进行制备的,已经无需清洁。注射用水的生产也实现了高度自动化。本实验重点学习注射剂配制部分。以水针为例,一般包括溶解、粗滤、溶剂补足、精滤、灌装、封口、灭菌这几个步骤。

注射剂的质量要求一般包括如下几个方面:无菌,无热原,澄明度合格,安全性合格(无毒性、溶血性和刺激性),贮存期内稳定,pH 应接近体液(一般控制在 4~9,特殊情况下放宽),药物含量符合要求,大容量注射剂其渗透压应该等于或高于血浆渗透压。

依达拉奉是一种脑保护剂,可清除自由基,抑制脂质过氧化,从而抑制脑细胞、血管内皮细胞、神经细胞的氧化损伤。依达拉奉由日本三菱制药株式会社开发并于 2001 年在日本上市。在美国上市剂型为软袋输液,规格为 100 mL,30 mg。国内上市剂型主要是注射剂,用于改善急性脑梗塞所致的神经症状、日常生活活动能力和功能障碍,规格主要有:5 mL,10 mg;10 mL,15 mg;20 mL,30 mg。2017 年 5 月 5 日,美国食品药品监督管理局(FDA)批准了新药依拉达奉上市,用于治疗肌萎缩性脊髓侧索硬化(ALS)。

三、实验内容

(一) 依达拉奉注射剂的制备

1. 处方

依达拉奉　　　　300 mg

亚硫酸氢钠	200 mg
L- 盐酸半胱氨酸盐酸盐一水合物	100 mg
0.5 mol/L NaOH 溶液	适量
加注射用水至	200 mL
制成注射剂	20 支

2. 操作

(1) 容器和器具的前处理:

① 安瓿先用水冲洗,再用2%氢氧化钠溶液于50~60℃超声浸泡15 min,之后洗至中性,蒸馏水冲洗3次,注射用水冲洗2次,口向下125℃干燥1 h,备用。

② 微孔滤膜浸泡于注射用水中1 h,之后煮沸5 min,重复3次,备用。

③ 其余设备均仔细清洗后用注射用水冲洗。

(2) 配液、灌装:

① 按处方量称取L- 盐酸半胱氨酸盐酸盐一水合物放入洁净的烧杯,加入适量注射用水和0.1%的针用活性炭,搅拌30 min,过滤除炭。

② 称取处方量依达拉奉加入上一步获得的滤液中,搅拌使其充分溶解。

③ 称取处方量亚硫酸氢钠溶解于注射用水中,加入0.1%的针用活性炭,搅拌30 min后过滤除炭,之后将滤液加入依达拉奉和L- 盐酸半胱氨酸盐酸盐一水合物的溶液中,采用0.5 mol/L的氢氧化钠溶液调节至pH3.5~4.0,注射用水加至全量,微孔滤膜过滤。

④ 用清洁的注射器将滤液灌装到安瓿中,使用单焰灯或双焰灯进行熔封。熔封过程注意选择火焰温度较高的外焰部分(一般是黄蓝两层火焰交界处)。

⑤ 115℃热压灭菌30 min,即得。

(二)依达拉奉注射剂的初步质量检查

(1) 澄明度:取供试品,置检查灯下距光源约20 cm处。先与黑色背景,次与白色背景对照。用手挟持安瓿颈部,轻轻反复倒转,使药液流动,在与供试品同高的位置并相距15~20 cm处,用目检视,不得有可见混浊与不溶物(如纤维、玻璃屑、白点、白块、色点等)。

(2) 装量:注射剂的标示量为2 mL或2 mL以下者取供试品5支,2 mL以上至10 mL者取供试品3支,10 mL以上者取供试品2支。开启时避免药液损失,将内容物分别用干燥的注射器(预经标化)抽尽,在室温下检视。测定油溶液或混悬液的装量时,应先加温摇匀,再用干燥注射器抽尽后,放冷至室温检视。每支注射剂的装量均不得少于其标示量。

(3) pH测定:用经过校准的pH进行测定。

(4) 含量:根据试验条件,配制系列标准溶液,选择用紫外或高效液相色谱法进行测定。

(5) 微生物及热原:根据实验条件按照《中国药典》附录相关规定开展。

四、注意事项

(1) 由于依达拉奉容易氧化,所以其注射剂中需要添加抗氧化剂如亚硫酸氢钠、L- 盐酸半胱氨酸盐酸盐一水合物等,二者的水溶液呈酸性。研究表明依达拉奉在pH3~4.5下相对稳定且溶解度提高,因此上述两个成分既提高了药物的稳定性,又有助于其溶解。

(2) 依达拉奉在水中难溶,在乙醇和甲醇中易溶,因此采用L–盐酸半胱氨酸盐酸盐一水合物作为助溶剂。

(3) 由于活性炭对依达拉奉吸附严重,所以在注射剂配制工艺中,可以将辅料先进行活性炭脱热原处理后再使用,并且在配制流程的最后使用微孔滤膜过滤工艺。

(4) 过滤均使用0.45 μm水系微孔滤膜过滤,灌装时可以使用10 mL安瓿,得到规格为10 mL、15 mg的注射剂。

(5) 对于注射剂生产过程而言,包材和器具清洗、产品配制过滤等环节至少在D级环境下进行,而灌装至少在C级环境下进行,但在实验课教学中可能难以达到。

(6) 使用高压蒸汽灭菌锅进行注射剂的最终灭菌时,操作者需要具有资质并特别注意安全。

五、实验结果和讨论

(1) 将所制备注射剂的各项质量检查结果进行记录。
(2) 讨论该注射剂制备中的关键步骤。

六、思考题

(1) 讨论该注射剂制备中的关键步骤。
(2) 影响注射剂澄明度的因素有哪些?
(3) 该注射剂中各个辅料的作用是什么?
(4) 如果该注射剂灭菌后颜色发生较明显的变化,且含量下降,请问可能的原因及解决策略是什么?

3. 依达拉奉注射剂的质量评价

一、实验目的

(1) 掌握注射剂药品的质量评价方法。
(2) 掌握利用高效液相色谱法对依达拉奉注射剂进行定性、定量分析的原理。
(3) 掌握依达拉奉注射剂质量评价实验操作条件与要点。

二、实验原理

依达拉奉注射剂加流动相稀释、过滤,滤液经C_{18}反相色谱柱分离。用二极管阵列检测器(245 nm)检测,外标法定量。依达拉奉注射剂含依达拉奉($C_{10}H_{10}N_2O_1$)应为标示量的

90.0%~110.0%。

三、实验仪器与条件

仪器：高效液相色谱仪，包括：流动相瓶、四元泵、自动进样器、柱温箱和二极管阵列 DAD 检测器。

条件：色谱柱：CLC-ODS　4.6 mm × 250 mm（5 μm）；流动相：0.05 mol/L 磷酸二氢铵溶液（用 20% 磷酸溶液调节 pH 至 3.5）– 甲醇（50∶50）；流速：1.0 mL/min；柱温：40℃；检测器：DAD，检测波长：245 nm；进样量：20 μL。

四、实验内容（《中国药典》2015 年版第二部）

1. 标准溶液的配制及稀释

（1）依达拉奉标准溶液：准确称取 0.010 0 g 依达拉奉标准品于 25 mL 容量瓶中，加流动相溶解并稀释至刻度，摇匀，再精密量取 5 mL，置 50 mL 容量瓶中，用流动相稀释至刻度，摇匀，得到浓度约为 50 μg/mL 的依达拉奉标准溶液，进样前经 0.45 μm 微孔滤膜过滤。

（2）依达拉奉注射剂样品溶液：取依达拉奉注射剂适量，用流动相稀释制成每毫升中约含依达拉奉 50 μg 的溶液，作为依达拉奉注射剂样品溶液，进样前经 0.45 μm 微孔滤膜过滤。

（3）混合溶液：取依达拉奉与杂质 Ⅰ[3,3′– 二甲基 –1,1′– 二苯基 –1*H*,1′*H*–4,4– 联吡唑 –5,5′ 二醇或 4,4′– 双 –(3– 甲基 –1– 苯基 –5– 吡唑啉酮)]对照品各适量，加甲醇溶解并稀释制成每毫升中各约含 0.5 μg 的混合溶液，进样前经 0.45 μm 微孔滤膜过滤。

2. 定性识别

将依达拉奉标准溶液及注射剂样品溶液分别进样分析，记录的色谱图中依达拉奉注射剂样品溶液主峰的保留时间应与依达拉奉标准溶液主峰的保留时间一致。

将混合样品进样分析，记录色谱图至主成分峰保留时间的 7 倍。供试品溶液的色谱图中如有与杂质 Ⅰ 峰保留时间一致的色谱峰，其峰面积不得大于对照品溶液主峰面积（0.1%），其他单个杂质峰面积不得大于对照品溶液主峰面积的 6 倍（0.6%），各杂质峰面积的和不得大于对照品溶液主峰面积的 12 倍（1.2%）。

3. 杂质检测

将混合样品进样分析，依达拉奉峰与杂质 Ⅰ 峰的分离度应大于 8.0。

4. 含量测定

照高效液相色谱法（通则 0512）测定。

将依达拉奉标准溶液及注射剂样品溶液分别进样分析，记录色谱图，按外标法以峰面积计算依达拉奉注射剂中依达拉奉的含量。

五、计算公式

1. $R=\dfrac{2\times(t_{R2}-t_{R1})}{m_1+m_2}$

2. 含量 $\rho_x=\rho_R \cdot \frac{A_x}{A_R}$

六、思考题

(1) 常用的分析测定注射剂含量的方法有哪些？哪些方法可以用于依达拉奉注射剂的含量测定？

(2) 采用高效液相色谱法测定依达拉奉注射剂含量时，应注意哪些基本试验条件及操作注意点？

(3) 2015 年版《中国药典》采用高效液相色谱法测定依达拉奉注射剂含量，请说明测定的原理及测定方法的特点。

实验十

双醋瑞因胶囊的制备及质量评价

1. 大黄酸的提取及乙酰大黄酸的合成

一、实验目的

(1) 掌握 pH 梯度萃取大黄中羟基蒽醌的原理和操作技术。

(2) 掌握大黄酸乙酰化反应的原理及基本操作。

(3) 学习羟基蒽醌类化合物的鉴定方法。

二、实验原理

中药大黄是蓼科植物掌叶大黄(*Rheum palmatum* L.),药用大黄(*Rheum officinale* Baill.)及唐古特大黄(*Rheum tanguticum* Maxim.ex Balf.)的根茎及根,具有攻积滞、清湿热、泻火、凉血、祛瘀、解毒等功效。大黄中含有多种羟基蒽醌及其苷类化合物,总含量为 2%~5%。主要包括大黄酸、大黄素、大黄酚、芦荟大黄素、大黄素甲醚及它们的葡萄糖苷。大黄酸是药用大黄的主要活性成分之一,具有很强的抗菌、抗炎、抗癌作用,还具解毒、抗衰老、免疫双向调节、降脂减肥、抗动脉硬化等功能,被认为是具有多靶点多功能的药物。大黄酸的双乙酰衍生物即双乙酰大黄酸(双醋瑞因,Diacerein)可诱导软骨生成、具有止痛、抗炎及退热作用,也可显著改善骨关节炎患者的关节功能,延缓病程,减轻疼痛,提高患者的生活质量,具有较好的安全性,临床主要用于治疗骨关节炎(OA)。

大黄酸　　　　大黄素　　　　芦荟大黄素

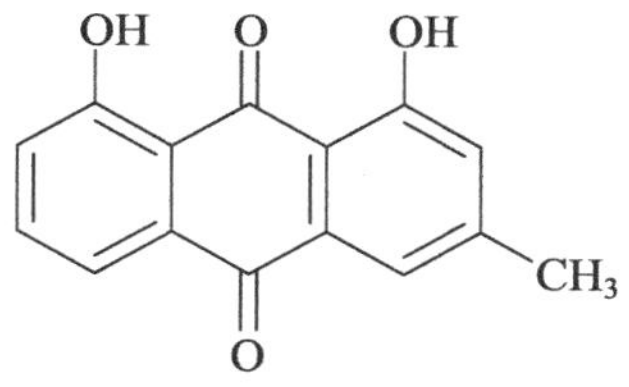

大黄酚 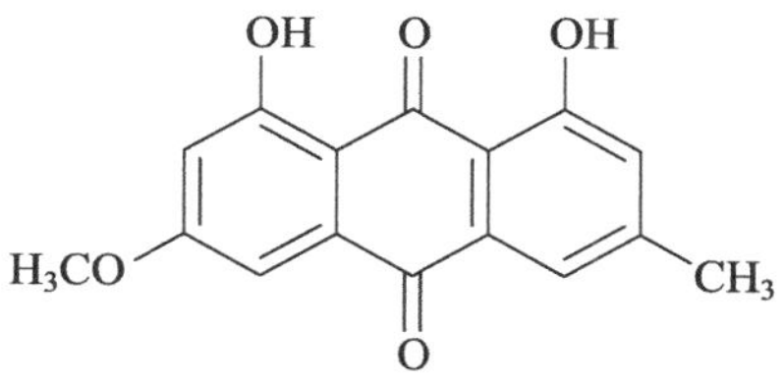　　大黄素甲醚

采用20%的硫酸水解形成苷类的羟基蒽醌衍生物，可以大幅增加大黄提取物中大黄酸的含量；大黄中的羟基蒽醌苷经水解成游离蒽醌苷元，由于这些蒽醌苷元结构不同，因而酸性强弱也不同。其大小顺序如下：含有羧基的大黄酸 > 含有 β- 羟基的大黄素 > 含有苄醇的芦荟大黄素 > 大黄酚（具有1，8- 二酚羟基，含有甲基）> 大黄素甲醚（具有1，8- 二酚羟基，含有甲氧基和甲基），根据游离蒽醌苷元可溶于氯仿而被萃取到氯仿中，再利用各羟基蒽醌类化合物酸性不同，采用pH梯度萃取法分离可得到各羟基蒽醌。利用硫酸作催化剂，与醋酐反应，对蒽醌的 α- 羟基进行乙酰化可得到二乙酰大黄酸。

$Ac_2O/DMAP$

三、实验仪器与试剂

仪器：旋转蒸发仪、电热套、硅胶板、圆底烧瓶、冷凝管、分液漏斗、烧杯、索氏提取器。

试剂：大黄粗粉、硫酸、盐酸、碳酸氢钠、碳酸钠、氢氧化钠、冰醋酸、氯仿、石油醚、乙酸乙酯。

四、实验内容

1. 游离蒽醌的提取

称取大黄粗粉50 g，置于500 mL圆底烧瓶中，加20%硫酸300 mL，在水浴中加热回流4~6 h，稍放冷，过滤，滤渣用水洗至近中性后，于70℃烘箱中烘干。将干燥后的药渣置于研钵中研碎，装入滤纸筒内，置于索氏提取器中，以氯仿为溶剂（约200 mL），在水浴上回流提取3~4 h，得游离蒽醌的氯仿提取液。

2. 游离蒽醌苷元分离

（1）向氯仿提取液中一次性地加入pH = 8的缓冲溶液70 mL（约为氯仿溶液量的1/3），振摇萃取，静置，充分分层后，分取缓冲溶液于烧杯中，保留氯仿溶液。缓冲溶液用盐酸调至pH = 3，可析出黄色大黄酸沉淀，静置，过滤，沉淀用蒸馏水洗至近中性，放置干燥。

注：pH = 8的缓冲溶液为磷酸氢二钠 – 枸橼酸缓冲溶液，配置方法：取0.2 mol/L磷酸氢

二钠溶液 194.5 mL 与 0.1 mol/L 枸橼酸溶液 5.5 mL 混合，即得。

(2) 萃取大黄酸后的氯仿溶液，再一次性地加入 pH = 9.9 的缓冲溶液 100 mL（约为氯仿溶液量的 1/2），振摇萃取，静置，使充分分层，分取缓冲溶液于烧杯中，保留氯仿溶液。缓冲溶液用盐酸调至 pH = 3，析出大黄素沉淀，静置，过滤，沉淀用蒸馏水洗至近中性，放置干燥。

注：pH = 9.9 的缓冲溶液为碳酸钠 – 碳酸氢钠缓冲溶液，配制方法：取 0.1 mol/L 碳酸钠溶液 50 mL 与 0.1 mol/L 碳酸氢钠溶液 50 mL 混合，即得。

(3) 萃取大黄素后的氯仿溶液，一次性地加入 5% 碳酸钠 –5% 氢氧化钠（9 : 1）碱性溶液 200 mL（与氯仿溶液体积相当），振摇萃取，静置充分分层，分取碱性溶液于烧杯中保留氯仿溶液。碱液用盐酸调 pH = 3，析出芦荟大黄素沉淀，静置，过滤，沉淀用蒸馏水洗至近中性，放置干燥。

(4) 萃取芦荟大黄素后的氯仿溶液，再以 2% 氢氧化钠溶液振摇萃取至碱水层近无色为止（3~4 次），合并氢氧化钠萃取液于烧杯中，用盐酸调 pH = 3，析出沉淀，静置。过滤，沉淀用蒸馏水洗至近中性，放置干燥。

3. 乙酰大黄酸的合成

将上述(1) 所得大黄酸置于 100 mL 圆底烧瓶中，加入 10 mL 新的乙酸酐（相对分子质量 102.09，密度 1.08 g/mL）和 20%（摩尔分数）的 4– 二甲氨基吡啶（DMAP，相对分子质量 122.17），并使其溶解，在室温条件下进行反应。TLC 检测反应过程[V(氯仿)：V(甲醇)= 5 : 1，加 1 滴冰乙酸]。反应完毕后，加入 10 mL 水，用饱和碳酸钠水溶液调节 pH 10，再加入 10 mL 乙酸乙酯，进行萃取。分出水层，乙酸乙酯层再用 10 mL 水萃取一次。合并两次的水层，用 1% 盐酸调节 pH 1，观察到溶液变混浊。用乙酸乙酯等体积萃取两次，合并乙酸乙酯萃取液。无水硫酸镁干燥，过滤，减压除去乙酸乙酯后得黄色黏稠物。随后，加入 5 mL95% 乙醇溶液进行重结晶，得到黄色结晶性粉末二乙酰大黄酸。

五、注意事项

(1) 采用 20% 的硫酸水解大黄酸的苷类化合物，因为反应完成程度不易监控，反应时间（3 h）和温度（回流）一定要达到要求。

(2) 形成乙酰大黄酸后，用氨水碱化 pH 不能过高，否则容易导致乙酰大黄酸水解。

(3) 大黄酸的酯化反应不能用醋酐 / 吡啶体系，因为 α– 羟基的乙酰化难度相对较大。

六、思考题

(1) 大黄粗粉采用 20% 硫酸回流处理的目的是什么？

(2) 大黄酸的酯化反应有什么特点和要求？

(3) 大黄游离蒽醌分离的原理是什么？

双醋瑞因的核磁共振谱图：

参考文献：

2. 双醋瑞因胶囊的制备

一、实验目的

(1) 掌握双醋瑞因胶囊制备的一般工艺。
(2) 掌握双醋瑞因胶囊质量评价的方法。

二、实验原理

胶囊(capsules)是指将原料药物与适宜辅料充填于空心胶囊或密封于软质囊材中制成的固体制剂。根据胶囊壳材质和理化特点的不同,可以分为硬胶囊、软胶囊、缓释胶囊、控释胶囊、肠溶胶囊等。其中,硬胶囊具有生产迅速,工艺相对简单,可通过调整胶囊壳材质获得指定的释放性质等特点,在药品及保健品中得到广泛应用,胶囊壳中可填充粉末、颗粒、微丸、小片,甚至是液体。胶囊壳的材质主要为明胶,为了满足使用人群的需求,也有由植物纤维制备的素食胶囊。

一般而言,胶囊是开发上市最为迅速的剂型,这主要是由于不同大小、材质、释放特性、颜色的胶囊壳可以较为便捷地从胶囊壳厂家订购或定制,只需要将药物以粉末或颗粒的形式定量填充入胶囊即可,整个研发流程相对简单。

双醋瑞因具有止痛、抗炎及退热作用,也可诱导软骨生成、显著改善骨关节炎患者的关节功能,延缓病程,减轻疼痛,提高患者的生活质量。国内双醋瑞因的上市剂型主要为胶囊,规格为 50 mg/ 粒胶囊,用于治疗退行性关节疾病(骨关节炎及相关疾病)。

三、实验内容

(一) 双醋瑞因胶囊的制备

1. 处方

双醋瑞因	2.5 g
乳糖	9.5 g
交联羧甲基纤维素钠	2 g

聚维酮 K30	适量
微粉硅胶	0.1 g
硬脂酸镁	0.1 g
制成胶囊	50 粒

2. 操作

(1) 粉碎混合：将双醋瑞因、乳糖、交联羧甲基纤维素钠分别研磨至能过 80 目筛网，之后按照处方量取用并混合均匀。

(2) 制备软材：配制 5%（质量分数）的聚维酮 K30 水溶液，用该溶液作为黏合剂，捏合制备软材。

(3) 制湿颗粒：将软材通过 24 目筛网制湿颗粒。

(4) 干燥：将得到的湿颗粒均匀铺在不锈钢盘上，放入烘箱，50℃干燥。

(5) 整粒：将干颗粒通过 20 目筛网整粒，加入硬脂酸镁、微粉硅胶拌匀。

(6) 填充胶囊：采用手工胶囊填充板进行胶囊填充，即得。

（二）双醋瑞因胶囊的初步评价

(1) 外观评价：在光照充足处，观察所制备的胶囊的外观，不得有黏结、变形或破裂，硬胶囊内容物应该干燥，混合均匀。

(2) 水分：硬胶囊内容物的水分，除另有规定外，不得超过 9.0%。水分可以用快速水分测定仪进行测定。

(3) 装量差异：从制备样品中选取 20 粒外观良好且均一的胶囊，分别精密称定质量，倒出内容物，硬胶囊囊壳用小刷拭净，然后称量。利用上述数据求算出每一粒胶囊与平均装量的差异。药典规定：装量差异限度规定为 0.30 g 以下 ±10% 以内，0.30 g 或 0.30 g 以上 ±7.5% 以内。每粒的装量与平均装量相比较，超出装量差异限度的不得多于 2 粒，并不得有 1 粒超出限度 1 倍。

(4) 崩解时限：取硬胶囊 6 粒，分别置于吊篮的玻璃管中，每管各加 1 粒，吊篮浸入盛有 (37 ± 1) ℃水的 1 000 mL 烧杯中，开动电动机按一定的频率和幅度往复运动（每分钟 30~32 次）。从片剂置于玻璃管时开始计时，至片剂全部崩解成碎片并全部通过管底筛网止，该时间即为该片剂的崩解时间，应符合规定崩解时限（本实验中所制备的双醋瑞因胶囊为 10 min）。如 1 粒崩解不全，应另取 6 粒复试，均应符合规定。

四、注意事项

(1) 与常用的非甾体类解热镇痛药不同，双醋瑞因对胃部无显著刺激，因此制备为常规胶囊即可。

(2) 本实验中，所设计的硬胶囊采用 1 号胶囊壳进行装填，每粒胶囊填充 300 mg 内容物。填充量的多少和均匀程度主要由下面几个因素决定：① 胶囊壳的规格；② 内容物的密度和流动性；③ 填充的紧实程度；④ 填充机械的设计。采用手工进行填充时，由于手工胶囊板的设计，为了保证填充量的均匀一致，填充物的高度一般只能控制在与胶囊体部分的高度一致，因此填充量和均匀性主要由前 3 个因素决定。为了使填充物有较好的流动性，一般需要将填充物制备为颗粒。本处方中所加入的硬脂酸镁和微粉硅胶，主要作为助流剂，改善所制备颗粒的流动性。此外，制备的颗粒不宜过大，尺寸均一，也是保证装量一致的重要手段。

(3) 本实验制备的双醋瑞因胶囊，以药物含量计，规格为 50 mg/粒，但寻找刚好容纳 50 mg 药粉的胶囊壳不现实，而且容纳量接近的胶囊购买不便，且难以订制到相应的手工或机械模具，较小的装量在生产中也容易产生较大误差。因此在实际生产中，一般需要添加辅料以调整内容物的体积。本实验选用 1 号胶囊进行填充，但由于所制备的颗粒大小差异，手工填充力度的不同，会导致填充量在 300 mg 上下波动。如果差异出现，则需要通过调整手工填充力度、颗粒大小、颗粒密度等方式，来调整胶囊的装量。

(4) 手工填充胶囊板的操作主要分为下面几个步骤：① 首先将空心胶囊壳的帽和体进行手工分离；② 分别将胶囊帽和胶囊体放入相应的板中，并通过振摇的方式使它们进入相应的孔中；③ 把内容物放入有胶囊体的那一块板子，通过振摇及刮板将内容物均匀地填入胶囊体中；④ 盖上胶囊壳的帽部分，压紧，将胶囊取出即可。注意胶囊体和帽上一般会设计有用于扣合的凸凹槽或是凸凹点，需要确保扣合完好。

五、实验结果和讨论

1. 双醋瑞因胶囊

外观：

装量差异：

崩解时限：

结论：

2. 如果制备的胶囊不合格，请讨论可能的原因。

六、思考题

(1) 请查阅资料，说明胶囊生产过程中容易出现的问题。

(2) 本实验中的胶囊内容物为何需要制粒？如果需要简化工艺，需要如何设计并验证？

(3) 请查阅资料，写出几种胶囊的包装形式。

(4) 如果患者服用本实验设计的双醋瑞因胶囊后有较多胃痛不良反应的报道，试问应该如何优化该剂型以减少此不良反应？

3. 双醋瑞因胶囊的质量评价

一、实验目的

(1) 掌握胶囊药品的质量评价方法。

(2) 掌握利用高效液相色谱法对双醋瑞因胶囊进行定性、定量分析的原理。

(3) 掌握双醋瑞因胶囊质量评价实验操作条件与要点。

二、实验原理

双醋瑞因胶囊内容物加 *N*,*N*- 二甲基甲酰胺超声提取、稀释定容,再以流动相稀释定容,过滤,滤液经 C_{18} 反相色谱柱分离。用二极管阵列检测器(254 nm)检测,外标法定量。

三、实验仪器与条件

仪器:高效液相色谱仪,包括:流动相瓶、四元泵、自动进样器、柱温箱和二极管阵列 DAD 检测器。

实验条件:色谱柱:CLC-ODS　4.6 mm × 250 mm (5 μm);流动相:乙腈 -0.1 mol/L 磷酸溶液(40 : 60);流速:1.5 mL/min;柱温:室温;检测器:DAD;检测波长:254 nm;进样量:20 μL。

四、实验内容

1. 双醋瑞因标准溶液的配制及稀释

准确称取双醋瑞因 0.050 0 g 于 20 mL 容量瓶,以适量 *N*,*N*- 二甲基甲酰胺溶解后,用流动相稀释定容,得到浓度为 1.0 mg/mL 的双醋瑞因储备液。准确移取不同体积的双醋瑞因储备液,以流动相稀释定容得浓度为 25.0 μg/mL、50.0 μg/mL、100.0 μg/mL、150 μg/mL 及 200.0 μg/mL 的双醋瑞因标准溶液,进样前经 0.45 μm 微孔滤膜过滤。

2. 双醋瑞因胶囊样品溶液的配制

取本品 10 粒,去胶囊后研细,精密称取细粉适量(约相当于双醋瑞因 50 mg),置于 50 mL 容量瓶中,加 *N*,*N*- 二甲基甲酰胺 40 mL,超声波振荡 10 min,冷却至室温后,加 *N*,*N*- 二甲基甲酰胺稀释至刻度,摇匀,即刻精密量取 5 mL 置于 20 mL 容量瓶中,用流动性稀释至刻度,摇匀作为供试品溶液,进样前经 0.45 μm 微孔滤膜过滤。

3. 含量测定

将双醋瑞因标准溶液及样品溶液分别进样分析,记录色谱图。按工作曲线法以峰面积计算双醋瑞因胶囊中双醋瑞因的含量。

五、思考题

(1) 简述工作曲线法进行定量分析的原理及一般过程。

(2) 胶囊样品在样品处理过程中有哪些需要注意的问题?

(3) 采用高效液相色谱法测定双醋瑞因胶囊含量时,应注意哪些基本实验条件及操作注意点?

实验十一

灯盏乙素滴丸的制备及质量评价

1. 灯盏乙素的提取

一、实验目的

(1) 学习建立从植物中分离提取天然产物的研究思路，了解通过文献综述和已有知识设计研究方案的方法。

(2) 熟悉总黄酮测定的常规方法。

(3) 熟悉大孔树脂和反相硅胶柱色谱的常规操作方法。

(4) 熟悉黄酮化合物常规的分离纯化流程。

二、实验原理

灯盏花是菊科植物短葶飞蓬（*Erigeron breviscapus*）的干燥全草，又名灯盏细辛、东菊，主要分布于我国西南地区，尤以云南较多。首载于《滇南本草》，被《中国药典》一部收载。灯盏花性寒、微苦、甘温辛，具有微寒解毒、祛风除湿、活血化瘀、通经活络、消炎止痛的功效，临床上用于冠心病、糖尿病、肾病、中风后遗症、心绞痛等疾病的治疗。其治疗心脑血管疾病的主要活性成分为灯盏乙素（4',5,6- 三羟基黄酮 -7- 葡萄糖醛酸苷），也称野黄芩苷（scutellarin）。灯盏花中尚有另外一种化合物灯盏甲素，其化学结构式与灯盏乙素非常相似，差别仅是灯盏甲素 C-6 没有羟基取代，较难与灯盏乙素彻底分离。故目前的灯盏花制剂中会含有一定的灯盏甲素。

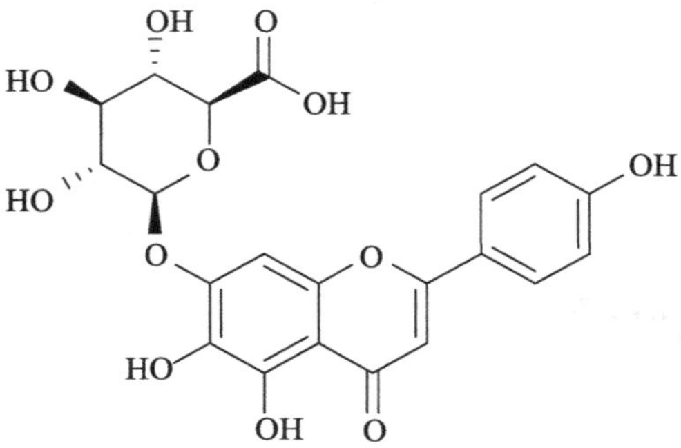

灯盏乙素 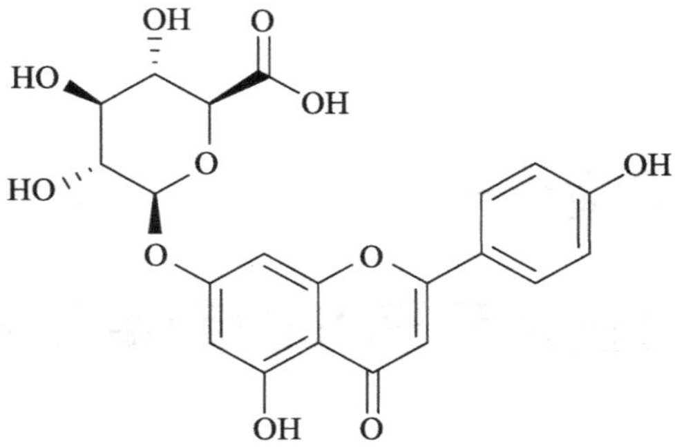　　　　灯盏甲素

超声波具有微观破碎的能力，所以根据灯盏乙素的化学特性和超声波仪器的简单可操作性，本实验设计用乙醇水溶液超声提取灯盏乙素。灯盏乙素属于黄酮类化合物，具有一定的酸性，此外，由于其葡萄糖的 C-6 是一个羧基，因此，灯盏乙素的酸性强于一般黄酮化合物，本实验纯化灯盏乙素时即利用其酸溶液中溶解度低的特点。灯盏乙素的极性较大，在普通硅胶上分离难度较大，因此，本实验采用反相硅胶柱色谱对灯盏乙素进行分离。

三、实验仪器与试剂

仪器：旋转蒸发仪、超声波装置、紫外 – 可见分光光度计、250 mL 单口烧瓶、色谱柱、抽滤瓶、布氏漏斗、蒸发皿、硅胶板和硅胶。

试剂：灯盏花药材、乙醇、甲醇、NaOH、$AlCl_3$、芦丁标准品、浓盐酸。

四、实验内容

1. 提取

灯盏花药材粉碎后，称取药材粉末 100 g，加入 65% 的乙醇溶液超声提取 3 次，每次 500 mL，每次 30 min，合并提取液减压浓缩至无醇味，静置 24 h 后，有少量黑色沉淀析出，抽滤除去不溶物，得到粗提物。

2. 大孔吸附树脂富集

称取 D101 大孔吸附树脂 150 g，去离子水分散装柱，把水放出至柱顶刚好无水，把提取滤液加于柱顶，把水放出至样品与柱面平。吸附 30 min 后，用水冲洗至流出液无色，改用 40 甲醇冲洗 5 倍柱体积，收集洗脱液。回收甲醇至无醇味，即得到灯盏乙素富集物（水溶液）。

3. 反相硅胶柱色谱分离

采用反相硅胶柱色谱分离灯盏乙素。取反相硅胶 50 g（上样比例大概 1 : 80，即 1 g 样品上在 80 g 硅胶上），用甲醇分散装柱，再用去离子水置换甲醇溶液，然后把水放出至柱顶刚好无水，即完成装柱。把操作 2 所得灯盏乙素富集物加于柱顶，把水放出至样品与柱面平。吸附 15 min 后，用 20% 甲醇冲洗 6 倍柱体积，收集第 4 至第 6 柱体积的洗脱液。回收甲醇至无醇味，得到含量大于60%的灯盏乙素水溶液。

4. 精制

向以上浓缩液中加入浓盐酸调节pH至1~2，静置24 h，抽滤，用少许蒸馏水洗涤沉淀，得到黄色沉淀物，60℃烘干即得到灯盏乙素（含量 >85%）。

5. 灯盏花中总黄酮的含量测定

以芦丁作工作曲线，分别取0.1 mL、0.2 mL、0.4 mL、0.8 mL、1.0 mL的1 mg/mL芦丁水溶液，与4.0 mL水混合，并加入0.3 mL $NaNO_2$溶液（5%，质量浓度）反应5 min，之后加入0.6 mL氯化铝溶液（$AlCl_3$，10%，质量浓度）反应6 min，之后再加入2.0 mL氢氧化钠溶液（NaOH，1 mol/L）和2.1 mL水摇匀，于510 nm测量吸光度，得到标准曲线。标准曲线方程为：$Y = A + B \times X$（式中A为吸光度，C为加入的样品质量，mg）。

准确称取灯盏花1 g，用65%的乙醇溶液超声提取3次，每次5 mL，每次30 min。合并提取液减压浓缩至无醇味，滤去不溶物后定容至25 mL，得到样品溶液。取样品溶液1 mL，与4.0 mL水混合，并加入0.3 mL $NaNO_2$溶液（5%，质量浓度）反应5 min，之后加入0.6 mL氯化铝溶液（$AlCl_3$，10%，质量浓度）反应6 min，之后再加入2.0 mL氢氧化钠溶液（NaOH，1 mol/L）和2.1 mL水摇匀，于510 nm测量吸光度，照标准曲线计算总黄酮含量。总黄酮含量以mg芦丁/g样品来表示，每个样品重复3次，结果以平均值表示。

五、注意事项

(1) 本实验涉及多次对含水溶剂的浓缩，对旋转蒸发仪要求较高，建议进行循环实验。

(2) 本实验时间较长，灯盏乙素的提取过程中可同步进行总黄酮的含量测定，加快实验进度。

六、思考题

(1) 反相硅胶柱色谱为什么不直接采用去离子水装柱？

(2) 灯盏花是不是应该粉碎得越细越好，这样提取效果更好？

(3) 大孔树脂的主要作用是什么？

灯盏乙素的核磁共振谱图：

参考文献：

2. 灯盏乙素滴丸的制备

一、实验目的

(1) 掌握滴制法制备滴丸的工艺和操作要点。
(2) 熟悉滴丸的制备原理。
(3) 熟悉滴丸的初步质量评价方法。

二、实验原理

滴丸是指固体或液体药物与适宜基质混匀,加热熔化后,滴入不相混溶的冷却液中,收缩冷凝成丸的一种制剂,其名称正来源于这种滴制工艺。滴丸中可以装载化学药物、中药提取物等。通过调整滴丸基质的种类和配比,可以增加或减慢其中药物的溶出速度,从而对药物的吸收速度和程度进行调节。

滴丸常用基质有水溶性与非水溶性两大类。水溶性基质主要有聚乙二醇 -4000(PEG-4000)和聚乙二醇 -6000(PEG-6000),它们熔点低(55~60℃),毒性较低,化学性质稳定(100℃以上才分解),能与多数药物配伍,具有良好的水溶性,亦能溶于多种有机溶剂,能使难溶性药物以分子状态分散于基质中,从而增加其溶解速度。非水溶性基质常用的有硬脂酸、单硬脂酸甘油酯等,可使药物缓慢释放,也可适量加入水溶性基质中以调节熔点。

制备过程中所用的冷却剂的相对密度应轻于或重于基质,但二者不宜相差较大,以免丸剂上浮或下沉过快,从而不利于成形。水溶性基质常用液状石蜡或液状石蜡与煤油的混合液作冷却剂,非水溶性基质常用水或乙醇作冷却剂。

所制备滴丸的大小及形状规则程度与基质种类、含药量、冷却液、滴管孔径、滴制速度、冷却温度等多种因素有关。滴液密度与冷却液密度相差过大,沉降速度过快,则不易得到球形滴丸。冷却距离不足或冷却温度偏高,均使滴丸不能充分固化而互相粘连。

灯盏乙素是从菊科植物短葶飞蓬中提取分离所得的。被认为是灯盏花的主要有效成分。具有扩张脑血管、改善脑循环、增加脑血流量、降低脑血管阻力、提高血 - 脑脊液屏障通透性,以及增加营养性心肌血流量、提高抗体和巨噬细胞免疫吞噬功能的作用,并可对抗由二磷酸腺苷引起的血小板聚集作用。本品在甲醇、吡啶、稀碱溶液中溶解,在热水、乙醇、乙酸乙酯中略溶,在水、乙醚、三氯甲烷、苯、丙酮等有机溶剂中几乎不溶。

国内上市的灯盏乙素制剂主要有片剂、胶囊、注射剂、滴丸等。但由于该成分在水性环境和油性环境中溶解度均很低,因此一般的片剂和胶囊口服吸收生物利用度均不高。

本实验以难溶性药物灯盏乙素为主药,PEG-6000 为基质,采用溶剂 - 熔融法制成滴丸。灯盏乙素分子能够以分子形式均匀分散在基质分子中,从而可以提高溶出速度,进而提高生物利用度。

三、实验仪器和试剂

仪器:蒸发皿、滴丸制备装置、60 目尼龙筛网、水浴、温度计、天平等。

材料:灯盏乙素、PEG-6000、无水甲醇、液体石蜡、滤纸。

四、实验内容

(一) 灯盏乙素滴丸的制备

1. 处方

灯盏乙素	0.5 g
PEG-6000	4.5 g

2. 操作

(1) 灯盏乙素与 PEG-6000 熔融液的制备:按处方量称取灯盏乙素加入适量无水乙醇,微热溶解后,加入处方量的 PEG-6000 熔融液中(80℃水浴保温),搅拌混合均匀,直至乙醇挥尽为止,继续静置于 80℃水浴中保温 30 min,待气泡除尽,备用。

(2) 安装简易滴丸装置,灌入保温水浴和冷凝水浴。

(3) 滴丸的制备:将上述除尽气泡的灯盏乙素 -PEG-6000 混匀熔融液转入贮液筒内,在 70~80℃的保温条件下,控制滴速,一滴滴地滴入冷凝液中,待冷凝完全,倾去冷凝液,收集滴丸,沥净并用滤纸除去丸上的冷凝液,自然干燥,称量,计算收率。

(二) 灯盏乙素滴丸的初步质量检查

(1) 外观:外观应呈球状,大小均匀,色泽一致。

(2) 质量差异:取滴丸 20 丸,精密称定总质量,求得平均丸重后,再分别精密称定各丸质量。每丸质量与平均丸重相比较,超出质量差异限度(平均丸重 ±11%)的滴丸不得多于 2 丸,并不得有一丸超出限度一倍。

(3) 溶解试验:取 25℃蒸馏水 100 mL 两份,分别各加入滴丸 1 个与灯盏乙素药物(相当于一个滴丸中含灯盏乙素的量),分别搅拌,两者条件尽量一致,观察其完全溶解所需时间。

五、注意事项

(1) 制备过程中,熔融液内的乙醇与气泡必须除尽,才能更好地使药物呈高度分散状态且滴丸外形光滑。

(2) 基于滴丸的制备原理,既可以购置制备滴丸的机械,也可以自行设计制备。滴丸设备上部的保温水浴用来控制贮液筒内熔融液的黏度,应以能顺利滴出为度,滴制的速度可通过阀门控制,也可以通过调节贮液筒和冷凝液间的压力差来控制。冷凝液的高度,滴口离冷凝液的距离及水浴的温度均可影响滴丸的外形、粘连程度及拖尾等,应以圆整为度具体调节。

(3) 本实验制备的滴丸含药量为 10%,这主要是为了防止含药量过高时,滴丸会在冷却成形及贮存后出现表面析晶现象。

六、实验结果与讨论

(1) 描述滴丸的外观形状与质量。
(2) 记录滴丸的质量差异限度的数据与结果,计算滴丸的收率。
(3) 记录滴丸与原药物分别溶解完全所需的时间。

七、思考题

(1) 滴丸在应用上有何特点?
(2) 影响滴丸的成型与质量的因素有哪些?在实际操作中是如何控制的?
(3) 如果 PEG-6000 黏度不适宜,请问如何调整?
(4) 如果要制备一个缓释灯盏乙素滴丸,请设计相应的处方并简述工艺。

3. 灯盏乙素滴丸的质量评价

一、实验目的

(1) 掌握滴丸的质量评价方法。
(2) 掌握利用高效液相色谱法对灯盏乙素滴丸进行定性、定量分析的原理。
(3) 掌握灯盏乙素滴丸质量评价的实验操作条件与要点。

二、实验原理

灯盏乙素滴丸加甲醇超声提取、过滤,滤液经 C_{18} 反相色谱柱分离。用二极管阵列检测器(335 nm)检测,外标法定量。

三、实验仪器与条件

仪器:高效液相色谱仪,包括:流动相瓶、四元泵、自动进样器、柱温箱和二极管阵列 DAD 检测器。

条件:色谱柱:CLC-ODS 4.6 mm × 250 mm(5 μm);流动相:甲醇 -0.1% 磷酸溶液(40∶60);柱温:40℃;检测器:DAD;检测波长:335 nm;进样量:10 μL。

四、实验内容(《中国药典》2015年版第一部)

1. 标准溶液的配制及稀释

(1) 野黄芩苷标准溶液:取野黄芩苷对照品适量,精密称量,加甲醇制成每毫升含 0.1 mg 的溶液,即得野黄芩苷标准溶液,进样前经 0.45 μm 微孔滤膜过滤。

(2) 灯盏乙素滴丸样品溶液:取本品粗粉约 0.5 g,精密称量,置索氏提取器中,加三氯甲烷适量,加热回流至提取液无绿色,弃去三氯甲烷液,药渣挥尽溶剂,连同滤纸筒移入具塞锥形瓶中,精密加入甲醇 50 mL,密塞,称定质量,放置 1 h 水浴中加热回流 1 h,放冷,再称定质量,用甲醇补足减失的质量,摇匀,过滤。精密量取续滤液 25 mL,回收溶剂至干,残渣用甲醇溶解并转移至 10 mL 量瓶中,加甲醇至刻度,摇匀,过滤,取续滤液,即得灯盏乙素滴丸样品溶液,进样前经 0.45 μm 微孔滤膜过滤。

2. 定性识别

将野黄芩苷标准溶液及灯盏乙素滴丸样品溶液分别进样分析,记录的色谱图中灯盏乙素滴丸样品溶液主峰的保留时间应与野黄芩苷标准溶液主峰的保留时间一致。

3. 杂质检测

将野黄芩苷标准溶液进样分析,理论板数按野黄芩苷峰计算不低于 5 000。

4. 含量测定

照高效液相色谱法(通则 0512)测定。

将野黄芩苷标准溶液及灯盏乙素滴丸样品溶液分别进样分析,记录色谱图,按外标法以峰面积计算灯盏乙素滴丸中野黄芩苷的含量。

五、计算公式

1. $n=16\left(\frac{t_{\mathrm{R}}}{m}\right)^2$

2. 含量 $\rho_{\mathrm{x}}=\rho_{\mathrm{R}}\cdot\frac{A_{\mathrm{x}}}{A_{\mathrm{R}}}$

六、思考题

(1) 滴丸剂药品的常用质量评价方法有哪些?

(2) 采用 HPLC 法测定灯盏乙素滴丸含量时,应注意哪些基本试验条件及操作注意点?

(3) 2015 年版《中国药典》采用高效液相色谱法测定灯盏乙素滴丸含量,请说明测定的原理及测定方法的特点。

实验十二

蒿甲醚注射剂和胶囊的制备及其胶囊的质量评价

1. 青蒿素的提取及蒿甲醚的合成

一、实验目的

(1) 通过青蒿素的提取实验掌握超声提取药物活性成分的原理及方法。
(2) 通过青蒿素的分离纯化掌握柱色谱的原理及其在天然产物分离中的应用。
(3) 学习还原、甲基化等单元反应，掌握青蒿素制备蒿甲醚的方法。

二、实验原理

黄花蒿(*Artemisia annua* Linn)又叫黄蒿、青蒿、臭蒿等，是菊科蒿属的一年生草本植物，广泛分布在国内各省，为我国传统中草药。其有效成分青蒿素是抗疟疾的有效成分，青蒿素经还原、甲基化可得到蒿甲醚。蒿甲醚具有高效、低毒、使用方便、与氯喹无交叉抗药性等特点，是治疗各种危重疟疾病患及抢救脑型疟疾病患的特效药。而且青蒿素是我国唯一得到国际认可的抗疟新药，也是我国第一个以一类新药制剂出口的化学药品。目前青蒿素用于疟疾防治的价值已被人类认识和接受，世界卫生组织已把青蒿素的复方制剂列为国际上防治疟疾的首选药物。

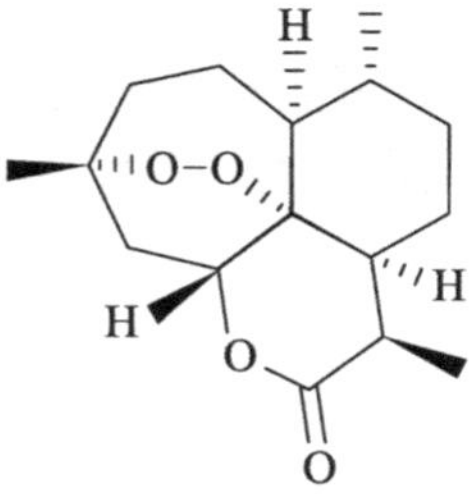

H H O-O H H O O 青蒿素

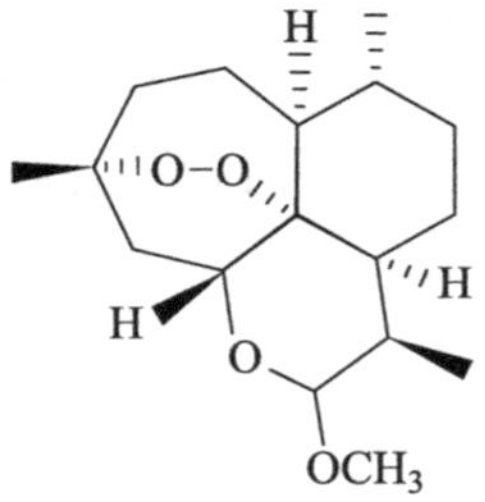

H H O-O H H O OCH_3 蒿甲醚

青蒿素的极性非常小，利用相似相溶的原理，采用弱极性溶剂石油醚对其进行提取。青蒿素不耐热，不能采用加热回流的方法提取，本实验采用超声提取的方法。青蒿素中含有一个内酯结构，可经 $NaBH_4$ 还原，得到半缩醛中间体，再经甲基化可得到蒿甲醚。合成路线如下：

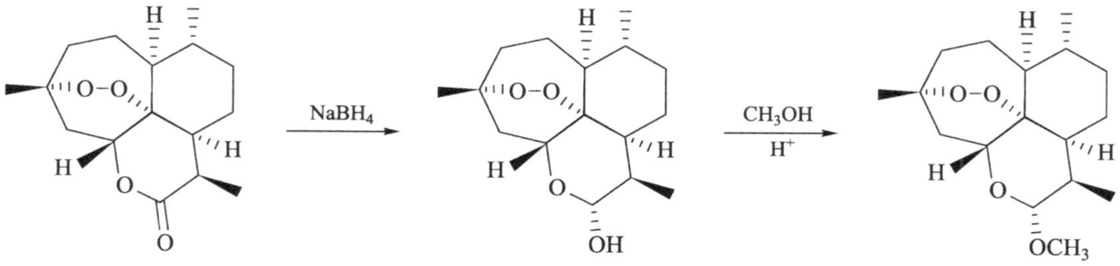

$\xrightarrow{NaBH_4}$　$\xrightarrow[H^+]{CH_3OH}$

三、实验仪器与试剂

仪器：旋转蒸发仪、磁力搅拌加热套、超声仪、250 mL 单口烧瓶、10 mL 单口烧瓶、色谱柱、抽滤瓶、布氏漏斗、蒸发皿。

试剂：硅胶板和硅胶、黄花蒿、石油醚、乙酸乙酯、$NaBH_4$、浓盐酸、NaCl。

四、实验内容

1. 青蒿素提取和分离

黄花蒿粉碎后称取药粉 200 g，采用 6 倍体积的石油醚超声提取 3 次，每次 30 min，合并石油醚提取液，40℃减压浓缩至 100 mL。加入 2 g 已于 105℃活化 30 min 的活性炭，于 45℃恒温保温 30 min 后过滤，滤液蒸干，再用 80% 的甲醇洗浸膏多次，过滤，滤液 40℃减压浓缩至近干（留有少量溶剂），再加入少量乙酸乙酯溶解，滴入 2 g 至于蒸发皿中的硅胶上，40℃水浴挥发至干。采用 10 g 硅胶湿法装柱，采用石油醚混匀硅胶，加入玻璃柱中，把拌好的样品加入。采用石油醚洗脱至无色，改用石油醚 – 乙酸乙酯（85∶15），100~180 mL 洗脱，收集洗脱液。降压回收洗脱液至仅含 10 mL 左右，放置过夜有晶体析出。得到青蒿素。

2. 蒿甲醚的合成

将 60 mg 青蒿素纯品溶于 2 mL 无水甲醇后，加至 10 mL 单口烧瓶中，冰水浴冷却下分批加入 53 mg $NaBH_4$，保温反应 1.5 h，至 TLC 检验[以 V(石油醚)∶V(丙酮) =4∶1 为展开剂]显示原料斑点消失后，用浓盐酸酸化至 pH 1~2，继续反应 3 h。静置析晶，吸去母液，加入 2 mL 饱和食盐水，抽滤，用 1 mL 蒸馏水重复洗涤滤饼 3 次后干燥，重结晶得蒿甲醚。

五、注意事项

(1) 黄花蒿分布较广，但由于产地的不同，所含青蒿素的差异极大（0.1%~1.3%）其中仅有部分产地（重庆、四川、广西、云南等地）的黄花蒿具有工业价值，本实验最好采用重庆酉阳产的黄花蒿,青蒿素含量较高。

(2) 黄花蒿粉碎不可太细,以免过滤时堵塞滤纸,过滤速度慢。

(3) 较传统溶剂萃取法,超声提取法有利于提高溶剂萃取率并节约萃取时间。

(4) 萃取后直接使用柱色谱纯化与其他青蒿素提取纯化方法相比,所得青蒿素纯品无需活性炭脱色且可达到较高的纯度要求。

六、思考题

(1) 青蒿素纯化过程中加入活性炭的作用是什么?

(2) 为何经硅胶柱色谱分离得到的青蒿素还需要放置过夜待晶体析出?

(3) 试述青蒿素制备蒿甲醚的反应机理。

(4) 甲基化反应中用浓盐酸酸化至pH 1~2,酸度过高或过低会对反应产生怎样的影响?

蒿甲醚的核磁共振谱图:

参考文献:

2. 蒿甲醚注射剂和胶囊的制备

一、实验目的

(1) 掌握制备蒿甲醚注射剂的工艺和操作要点。

(2) 掌握制备蒿甲醚胶囊的工艺和操作要点。

二、实验原理

蒿甲醚为青蒿素的衍生物,对疟原虫红内期有强大且快速的杀灭作用,能迅速控制临床发作及症状。蒿甲醚的抗疟活性较青蒿素大6倍,并且具有一定的抗肿瘤作用。蒿甲醚的上市剂型主要有片剂、胶囊、注射剂、胶丸。适应征为各类疟疾,包括抗氯喹恶性疟的治疗和凶险型疟疾的急救。

青蒿素上市剂型主要有片剂、胶囊、注射剂、胶丸等。其中口服制剂常见规格为25 mg、40 mg、50 mg。青蒿素水溶性差,在胃肠道中不易吸收,容易导致常规片剂口服吸收生物利用度低或不稳定,因此口服片剂或胶囊中可添加十二烷基硫酸钠等增溶剂以改善溶出。蒿甲醚在脂溶性溶剂中溶解度可以满足剂型制备及给药要求,因此上市制剂中的注射剂和胶丸中采用花生油或中链甘油三酯，从而提高了生物利用度。

三、实验内容

（一）蒿甲醚注射剂的制备

1. 处方

蒿甲醚	1 600 mg
注射用花生油加至	20 mL
制成注射剂	20 支

2. 操作

(1) 容器和器具的前处理：

① 安瓿先用水冲洗，再用2%氢氧化钠溶液于50~60℃超声浸泡15 min，之后洗至中性，蒸馏水冲洗3次，注射用水冲洗2次，口向下125℃干燥1 h，备用。

② 微孔滤膜浸泡于注射用水中1 h，之后煮沸5 min，重复3次，备用。

③ 其余设备均仔细清洗后用注射用水冲洗。

(2) 配液、灌装：

① 量取配置量的注射用花生油，加热至150℃，灭菌90 min，之后放冷至50℃。

② 在配制容器中加入80%处方量的灭菌后的注射用花生油，将处方量的蒿甲醚缓慢加入其中，搅拌至完全溶解。

③ 在配制容器中加入注射用花生油至总量。

④ 将步骤③获得的溶液依次经过0.45 μm、0.22 μm微孔滤膜过滤后，灌装、通氮气、封口。

⑤ 100℃流通蒸汽灭菌30 min。

（二）蒿甲醚注射剂的初步质量检查

(1) 澄明度：取供试品，置检查灯下距光源约20 cm处。先与黑色背景，次与白色背景对照。用手挟持安瓿颈部，轻轻反复倒转，使药液流动，在与供试品同高的位置并相距15~20 cm处，用目检视，不得有可见混浊与不溶物（如纤维、玻璃屑、白点、白块、色点等）。

(2) 颜色：取本品，与同体积的黄色6号标准比色液（参见《中国药典》附录）比较，不得更深。

(3) 装量：注射剂的标示量为2 mL或2 mL以下者取供试品5支，2 mL以上至10 mL者取供试品3支，10 mL以上者取供试品2支。开启时避免药液损失，将内容物分别用干燥的注射器（预经标化）抽尽，在室温下检视。测定油溶液或混悬液的装量时，应先加温摇匀，再用干燥注射器抽尽后，放冷至室温检视。每支注射剂的装量均不得少于其标示量。

(4) 含量：精密量取1 mL，置100 mL量瓶中，加无水乙醇振摇并稀释至刻度，摇匀，精密量取10 mL置100 mL量瓶中，加无水乙醇至刻度，摇匀，照蒿甲醚项下的方法，自“精密量取5 mL置50 mL量瓶中”起，至“在254 ± 1 nm的波长处测定吸收度”并从中减去0.025（花生油空白吸收度），按$C_{16}H_{26}O_5$的吸收系数（$E_{1cm}^{1\%}$）为379计算，即得。

(5) 微生物及热原：根据实验条件按照《中国药典》附录相关规定开展。

（三）蒿甲醚胶囊的制备

1. 处方

蒿甲醚	8 g
蔗糖	5 g
淀粉	35 g
十二烷基硫酸钠	0.4 g
制成胶囊	200 粒

2. 操作

(1) 将蒿甲醚、蔗糖、淀粉分别研磨至能过 100 目筛网，之后按照处方量取用并混合均匀。

(2) 将处方量十二烷基硫酸钠加入上述混合干粉中，再混合均匀。

(3) 采用手工胶囊填充板进行胶囊填充，即得。

（四）蒿甲醚胶囊的初步评价

(1) 外观评价：在光照充足处，观察所制备的胶囊的外观，不得有黏结、变形或破裂，硬胶囊内容物应该干燥，混合均匀。

(2) 水分：硬胶囊内容物的水分，除另有规定外，不得超过 9.0%。水分可以用快速水分测定仪进行测定。

(3) 装量差异：从制备样品中选取 20 粒外观良好且均一的胶囊，分别精密称定质量，倒出内容物，硬胶囊囊壳用小刷拭净，然后称量，并计算每粒胶囊的内容物质量。利用上述数据求算出每一粒胶囊与平均装量的差异。药典规定：装量差异限度规定为 0.30 g 以下 ±10% 以内，0.30 g 或 0.30 g 以上 ±7.5% 以内。每粒的装量与平均装量相比较，超出装量差异限度的不得多于 2 粒，并不得有 1 粒超出限度 1 倍。

(4) 溶出度测试：取蒿甲醚胶囊 6 粒，按照溶出度测定法中的第二法（桨法）测定溶出度，以 500 mL 水为溶出介质，转速 100 rpm，60 min 时取溶液过滤，精密量取续滤液 5 mL 置于 25 mL 容量瓶中，加入 1 mol/L 的盐酸无水乙醇，摇匀，定容，作为供试品溶液。另取蒿甲醚标准品 16 mg，置 100 mL 容量瓶中，加无水乙醇定容，从中精密量取 5 mL 取出置于 50 mL 容量瓶中，加水 5 mL 再加入 1 mol/L 的盐酸无水乙醇稀释至刻度，摇匀，作为对照品溶液。取上述两种溶液，在 254 nm 处依法测定吸光度，计算溶出度。

四、注意事项

(1) 根据 CFDA 发布的国食药监注【2008】7 号文《关于发布化学药品注射剂和多组分生化药注射剂基本技术要求的通知》，小容量注射剂应该采取终端灭菌工艺，建议首选过度杀灭法（$F_0 \geqslant 12$），如果产品不能耐受过度杀灭的条件，可以采用残存概率法（$8 \leqslant F_0 < 12$），但均应该保证产品灭菌后的无菌保证水平不大于 10^{-6}。本实验对注射剂进行无菌过滤，之后采用流通蒸汽灭菌，可保证 $F_0 \geqslant 12$，无菌保证水平 $\leqslant 10^{-6}$。

(2) 本实验制备的蒿甲醚胶囊，以药物含量计，规格为 40 mg/ 粒。采用淀粉和蔗糖作为稀释剂，因为其性质稳定，不与蒿甲醚起反应，成本低。淀粉具有较好的崩解作用，蔗糖为水溶性辅料，两者均可帮助难溶性的蒿甲醚分散溶解。

(3) 处方中加入了十二烷基硫酸钠作为水溶性润滑剂，一方面可以增加填充胶囊时的粉末流动性，另一方面可以改善蒿甲醚的疏水性，有利于胶囊的崩解和药物溶出。类似地，也可以使用聚乙二醇 -6000 代替十二烷基硫酸钠作为本处方的润滑剂。

五、实验结果和讨论

根据实验内容，将所制备注射剂和胶囊的各项质量检查结果进行记录，并根据结果判定产品是否合格。

六、思考题

(1) 讨论蒿甲醚注射剂制备中的关键步骤。
(2) 说明蒿甲醚胶囊中各辅料的作用。
(3) 如果蒿甲醚胶囊的内容物在填充过程中流动性不好，应当如何解决?
(4) 对于蒿甲醚这类难溶性药物，在制剂的开发和出产检验中，崩解测试和溶出度测试各有什么价值和必要性?

3. 蒿甲醚胶囊的质量评价

一、实验目的

(1) 掌握胶囊药品的质量评价方法。
(2) 掌握利用高效液相色谱法对蒿甲醚胶囊进行定性、定量分析的原理。
(3) 掌握蒿甲醚胶囊质量评价的实验操作条件与要点。

二、实验原理

蒿甲醚胶囊加乙腈溶解、稀释、过滤，滤液经 C_{18} 反相色谱柱分离。用二极管阵列检测器(216 nm)检测，外标法定量。

三、实验仪器与条件

仪器：高效液相色谱仪，包括：流动相瓶、四元泵、自动进样器、柱温箱和二极管阵列 DAD 检测器。

条件：色谱柱：CLC-ODS　4.6 mm × 250 mm (5 μm)；流动相：乙腈 - 水 (62 : 38)；流速：1.0 mL/min；柱温：40℃；检测器：DAD；检测波长：216 nm；进样量：20 μL。

四、实验内容(《中国药典》2015年版第二部)

1. 标准溶液的配制及稀释

(1) 蒿甲醚标准溶液:准确称取0.010 0 g蒿甲醚标准品于25 mL量瓶中,加乙腈溶解并稀释至刻度,摇匀,再精密量取5 mL,置于50 mL量瓶中,用乙腈稀释至刻度,摇匀,得到浓度约为50 μg/mL的蒿甲醚标准溶液,进样前经0.45 μm微孔滤膜过滤。

(2) 蒿甲醚胶囊样品溶液:取蒿甲醚胶囊适量(去胶囊相当于蒿甲醚30 mg)于50 mL容量瓶中,充分振摇使蒿甲醚溶解,用乙腈稀释至刻度,摇匀,静置,得到蒿甲醚胶囊样品溶液,进样前经0.45 μm微孔滤膜过滤。

2. 定性识别

将蒿甲醚标准溶液及蒿甲醚胶囊样品溶液分别进样分析,记录的色谱图中蒿甲醚胶囊样品溶液主峰的保留时间应与蒿甲醚标准溶液主峰的保留时间一致。

将蒿甲醚胶囊样品溶液进样分析,如有杂质峰,其峰面积在对照品溶液主峰面积0.5~1.0倍之间的杂质峰不得多于1个,其他单个杂质峰面积不得大于对照品溶液主峰面积的0.5倍(0.25%),各杂质峰面积的和不得大于对照品溶液主峰面积的3倍(1.5%)。供试品溶液色谱图中小于对照品溶液主峰面积0.1倍的峰忽略不计。

3. 杂质检测

将蒿甲醚胶囊样品溶液进样分析,理论板数按蒿甲醚峰计算不低于2 000。

4. 含量测定

照高效液相色谱法(通则0512)测定。

将蒿甲醚标准溶液及蒿甲醚胶囊样品溶液分别进样分析,记录色谱图,按外标法以峰面积计算蒿甲醚胶囊中蒿甲醚的含量。

五、计算公式

1. $n=16\left(\frac{t_R}{m}\right)^2$

2. 含量 $\rho_x=\rho_R\cdot\frac{A_x}{A_R}$

六、思考题

(1) 蒿甲醚注射剂和蒿甲醚胶囊在进行质量分析时,有何异同?

(2) 采用HPLC法测定蒿甲醚胶囊含量时,应注意哪些基本实验条件及操作注意点?

(3) 2015年版《中国药典》采用高效液相色谱法测定蒿甲醚胶囊含量,请说明测定的定性、定量原理及测定方法的特点。

(4) 文献报道的测定蒿甲醚胶囊含量的其他高效液相色谱方法与本方法有何异同?

附录Ⅰ

有机溶剂极性表

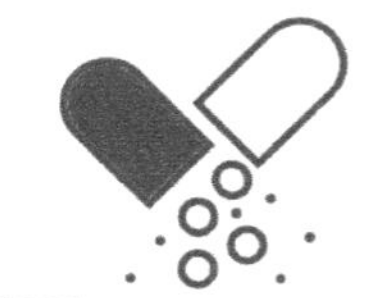

化合物名称	极性	黏度	沸点
i-pentane（异戊烷）	0	—	30
n-pentane（正戊烷）	0	0.23	36
petroleum ether（石油醚）	0.01	0.3	30~60
hexane（己烷）	0.06	0.33	69
cyclohexane（环己烷）	0.1	1	81
trifluoroacetic acid（三氟乙酸）	0.1	—	72
n-heptane（庚烷）	0.2	0.41	98
carbon tetrachloride（四氯化碳）	1.6	0.97	77
i-propyl ether（丙基醚；丙醚）	2.4	0.37	68
toluene（甲苯）	2.4	0.59	111
p-xylene（对二甲苯）	2.5	0.65	138
chlorobenzene（氯苯）	2.7	0.8	132
ethyl ether（二乙醚；醚）	2.9	0.23	35
benzene（苯）	3	0.65	80
isobutyl alcohol（异丁醇）	3	4.7	108
methylene chloride（二氯甲烷）	3.4	0.44	40
n-butanol（正丁醇）	3.7	2.95	117
n-butyl acetate（乙酸丁酯）	4.0	—	126
n-propanol（丙醇）	4	2.27	98
methyl isobutyl ketone（甲基异丁酮）	4.2	—	119
tetrahydrofuran（四氢呋喃）	4.2	0.55	66
ethanol（乙醇）	4.3	1.20	78

续表

化合物名称	极性	黏度	沸点
ethyl acetate（乙酸乙酯）	4.3	0.45	77
i-propanol（异丙醇）	4.3	2.37	82
chloroform（氯仿）	4.4	0.57	61
methyl ethyl ketone（甲基乙基酮）	4.5	0.43	80
dioxane（二噁烷；二氧六环）	4.8	1.54	102
pyridine（吡啶）	5.3	0.97	115
acetone（丙酮）	5.4	0.32	57
nitromethane（硝基甲烷）	6	0.67	101
acetic acid（乙酸）	6.2	1.28	118
acetonitrile（乙腈）	6.2	0.37	82
aniline（苯胺）	6.3	4.4	184
dimethyl formamide（二甲基甲酰胺）	6.4	0.92	153
methanol（甲醇）	6.6	0.6	65
ethylene glycol（乙二醇）	6.9	19.9	197
dimethyl sulfoxide（二甲亚砜 DMSO）	7.2	2.24	189
water（水）	10.2	1	100

附录Ⅱ

常用有机溶剂的物理性质

名称	英文名称	分子式	结构式	相对分子质量	物理形态 / 毒性	熔点 /℃	沸点 /℃	闪点 /℃	折光率	密度	水溶性（互溶 / 不互溶）
甲醇	methanol	CH_4O	CH_3OH	32.04	无色液体 / 有毒，神经视力损害	−97.7	64.7	11	$1.328\ 4^{20}$	$0.791\ 3_4^{20}$	互溶
乙醇	ethanol	C_2H_6O	H_3C ⁀ OH	46.07	无色液体 / 微毒，麻醉	−117.3	78.5	13	$1.361\ 1^{20}$	$0.789\ 4_4^{20}$	互溶
乙醚	ethoxy ethane/ diethyl ether	$C_4H_{10}O_2$	H_3C ⁀ O ⁀ CH_3	74.12	无色液体 / 麻醉性能	−116.3	34.6	−45	$1.352\ 7^{20}$	$0.713\ 4_4^{20}$	不互溶
丙酮	acetone/ propanone	C_3H_6O	H_3C–C(=O)–CH_3	58.08	无色液体 / 微毒，麻醉	−95.35	56.2	−20	$1.359\ 1^{20}$	$0.790\ 8_4^{20}$	互溶
乙酸	acetic acid/ ethanoic acid	$C_2H_4O_2$	H_3C–C(=O)–OH	60.05	无色液体 / 低毒，刺激	16.7	117.9	39（CC）	$1.371\ 8^{20}$	$1.049\ 2_4^{20}$	互溶
乙酸酐	acetic anhydride	$C_4H_6O_2$	H_3C–C(=O)–O–C(=O)–CH_3	102.09	无色液体 / 低毒，刺激	−73.1	140.0	54（CC）	$1.390\ 4^{20}$	$1.082\ 0_4^{20}$	互溶

续表

名称	英文名称	分子式	结构式	相对分子质量	物理形态 / 毒性	熔点 /℃	沸点 /℃	闪点 /℃	折光率	密度	水溶性（互溶 / 不互溶）
二氧六环	1,4–dioxane	$C_4H_8O_2$	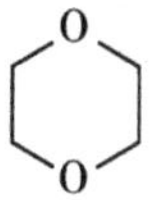	88.11	无色液体	11.8	101.2	12	$1.422\ 4^{20}$	$1.032\ 9^{20}_{4}$	互溶
苯	benzene	C_6H_6		78.12	无色液 / 中毒；神经，造血损害	5.5	80.1	–11（CC）	$1.501\ 1^{20}$	$0.878\ 7^{20}_{4}$	不互溶
甲苯	methyl benzene/ toluene	C_7H_8	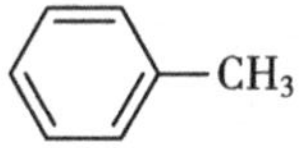 $-CH_3$	92.14	无色液 / 剧毒；刺激；神经损害	–94.9	110.6	4	$1.496\ 0^{20}$	$0.866\ 0^{20}_{4}$	不互溶
氯仿	chloroform	$CHCl_3$	$CHCl_3$	119.39	无色液体 / 强麻醉，易转变光气	–63.6	61.1		$1.445\ 9^{20}$	$1.483\ 2^{20}_{4}$	不互溶
二氯甲烷	dichloro–methane	CH_2Cl_2	CH_2Cl_2	84.93	无色液体 / 中毒，麻醉	–95	40	none	$1.424\ 6^{20}$	$1.326\ 5^{20}_{4}$	不互溶
四氯化碳	carbon tetrachloride	CCl_4	CCl_4	153.82	无色液体 / 中毒；心，肝，肾损害	–22.99	76,54	none	$1.460\ 7^{20}$	$1.594\ 0^{20}_{4}$	不互溶
乙酸乙酯	ethyl acetate	$C_4H_8O_2$	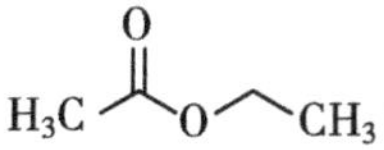 H_3C, O, O, CH_3	88.11	无色液体 / 低毒，麻醉	–83.58	77.06	–4	$1.372\ 3^{20}$	$0.900\ 3^{20}_{4}$	不互溶
四氢呋喃	tetrahydro–furan	C_4H_8O		72.11	无色液体 / 麻醉，肝肾损害	–108.5	65	–14	$1.405\ 0^{20}$	$0.889\ 2^{20}_{4}$	互溶
二甲亚砜	dimethyl sulfoxide	C_2H_6OS	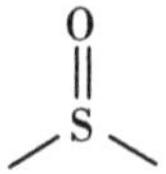	78.13	无色液体 / 微毒类	18.5	189.0	95	$1.417\ 0^{20}$	1.101^{20}_{4}	互溶

续表

名称	英文名称	分子式	结构式	相对分子质量	物理形态 / 毒性	熔点 /℃	沸点 /℃	闪点 /℃	折光率	密度	水溶性（互溶 / 不互溶）
乙腈	acetonitrile	C_2H_3N	CH_3CN	41.05	无色液体 / 中毒，刺激	-44	81.6	6	$1.346\ 0^{15}$	$0.787\ 5_4^{15}$	互溶
吡啶	pyridine	C_5H_5N	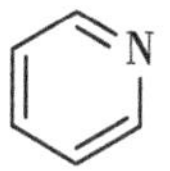 N	79.10	无色液 / ，麻醉，刺激，肝肾损害	-41.6	115.2	20	$1.506\ 7^{25}$	$0.982\ 7_4^{25}$	互溶
石油醚	petroleum ether	戊烷 + 正己烷	—	—	无色液体 / 低毒	—	60~90	—	—	0.63~0.66	不互溶
石油醚	petroleum ether	戊烷 + 正己烷	—	—	无色液体 / 低毒	—	35~60	-49	$1.363\ 0^{20}$	0.63~0.66	不互溶
正丁醇	1-butanol	$C_4H_{10}O$	 OH	74.12	无色液体 / 低毒；麻醉	-89.5	117.7	37	$1.399\ 3^{20}$	$0.809\ 7_4^{20}$	部分溶解
异丙醇	2-propanol	C_3H_8O	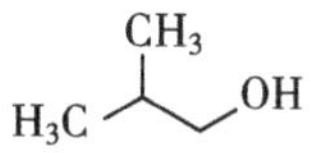 CH_3 H_3C OH	60.10	无色液 / 微毒，刺激，视力损害	-89.5	82.4	12	$1.377\ 2^{20}$	$0.785\ 5_4^{20}$	互溶
硝基苯	nitrobenzene	$C_6H_5NO_2$	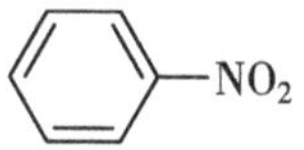 NO_2	123.11	无色液体 / 中毒性	5.8	210.8	88	$1.554\ 6^{15}$	1.205_4^{15}	不互溶
N,*N*-二甲基甲酰胺	dimethyl formamide	C_3H_7NO	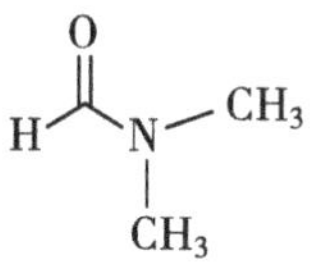 O H N CH_3 CH_3	73.10	无色液体 / 低毒，刺激	-60.4	153.0	57	$0.944\ 5_4^{25}$	$1.430\ 5^{20}$	互溶

附录Ⅲ

化学实验中各种冷却浴的冷却温度

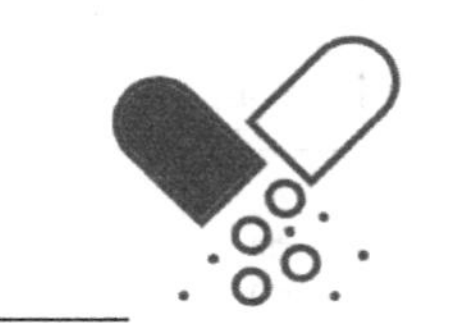

温度/℃	冷却浴	温度/℃	冷却浴
13	对二甲苯/干冰	–56	正辛烷/干冰
12	1,4–二氧六环/干冰	–60	异丙醚/干冰
6	环己烷/干冰	–77	丙酮/干冰
5	苯/干冰	–77	乙酸丁酯/干冰
2	甲酰胺/干冰	–83	丙胺/干冰
0	碎冰	–83.6	乙酸乙酯/液氮
–5 ~–20	冰/盐	–89	正丁醇/液氮
–10.5	乙二醇/干冰	–94	己烷/液氮
–12	环庚烷/干冰	–94.6	丙酮/液氮
–15	苯甲醇/干冰	–95.1	甲苯/液氮
–22	四氯乙烯/干冰	–98	甲醇/液氮
–22.8	四氯化碳/干冰	–100	乙醚/干冰
–25	1,3–二氯苯/干冰	–104	环己烷/液氮
–29	邻二甲苯/干冰	–116	乙醇/液氮
–32	间甲苯胺/干冰	–116	乙醚/液氮
–41	乙腈/干冰	–131	正五烷/液氮
–42	吡啶/干冰	–160	异戊烷/液氮
–47	间二甲苯/干冰	–196	液氮

附录Ⅳ

常用显色试剂

一、通用显色剂

1. 硫酸

(1) 浓硫酸与甲醇等体积小心混合，冷却；

(2) 15% 浓硫酸的正丁醇溶液；

(3) 5% 浓硫酸的乙酸酐溶液；

(4) 5% 浓硫酸的乙醇溶液；

(5) 浓硫酸与乙酸等体积混合。

用以上任意一种试液喷薄层板后，于 110℃烘烤 15 min，不同类的成分显不同颜色。

2. 碘

在一密闭的玻璃缸内加入 100 g 柱色谱硅胶，然后放入 20 g 碘单质，放置一段后，缸内硅胶变为棕红色即可使用。将薄层板放入缸内数分钟即可显色，碘对很多化合物显黄棕色。

3. 高锰酸钾 – 硫酸

高锰酸钾 0.5 g 溶于 15 mL 的 40% 硫酸中。检测易还原性物质。

4. 铬酸 – 硫酸

重铬酸钾 5 g 溶于 100 mL 的 40% 硫酸中。易还原性物质显色。

5. 磷钼酸乙醇溶液

磷钼酸 10 g 溶于 100 mL 乙醇中。喷后 120℃烘烤，还原性化合物显蓝色，再用氨气薰，则背景变为无色。

6. 荧光显色液

(1) 0.25% 的罗丹明 B 乙醇溶液；

(2) 0.01% 的荧光素乙醇溶液；

(3) 0.1% 的桑色素乙醇溶液。用以上任意一种试液喷薄层板后，在荧光背景下可能显黑色或其他荧光斑点。

7. 紫外灯照射

适用于结构中含有发色团的化合物。

二、专属性显色剂

（一）生物碱及含氮类化合物

改良碘化铋钾（Dragendorff）试剂

试液①：0.85 g 次硝酸铋溶于 10 mL 冰醋酸，加水 40 mL 水；试液②：8 g 碘化钾溶于 20 mL 水中。试液①与试液②等量混合置棕色瓶内保存作贮备液。用前将 1 mL 贮备液、2 mL 冰醋酸与 10 mL 水混合。用于生物碱与某些含氮化合物，显橙红色。

（二）黄酮类

黄酮类化合物在紫外灯或日光下多显不同颜色，用氨薰、喷三氯化铝或氢氧化钠溶液等皆会使颜色加深或变色。

（1）三氯化铝－乙醇试液三氯化铝 1 g，加 100 mL 乙醇溶解，即得。喷洒薄层板，并置于紫外灯下观察。

（2）三氯化锑试液 10% 三氯化锑的氯仿溶液。喷后 110℃烤 5 min，用于黄酮类。

（三）糖类

1. 茴香醛－硫酸试剂

（1）茴香醛 0.5 mL 加入 50 mL 乙酸，混匀后加 1 mL 硫酸，用前新鲜配制。

（2）改良试液。0.5 mL 茴香醛、9 mL 乙醇、0.5 mL 浓硫酸与 0.1 mL 乙酸混合后立即使用。用于糖类、甾族、萜类。喷后将薄层板置 100~105℃烤，不同的糖呈现不同的颜色。

2. α－萘酚－硫酸

15% 的 α－萘酚－乙醇溶液 10.5 mL、浓硫酸 6.5 mL、乙醇 40.5 mL 与水 4 mmL 的混合液。喷后 100℃烤几分钟，多数糖呈现蓝色，鼠李糖显橙色。用于糖类的显色。

（四）强心苷

1. 3，5－二硝基苯甲酸（Kedde）试剂

2% 的 3，5－二硝基苯甲酸的甲醇液与 2 mol/L 氢氧化钾甲醇溶液或 5% 氢氧化钠乙醇液，用前等量混合。强心苷显紫红色，几分钟后褪色。

2. 三氯乙酸

① 25% 三氯乙酸的乙醇或氯仿溶液。② 三氯乙酸 3.3 g 溶于 10 mL 氯仿，加 30% 过氧化氢溶液 1~2 滴。喷后 110℃加热 7~10 min，紫外灯下观察荧光。用于甾族、洋地黄苷与藜芦碱。

（五）蒽醌类

蒽醌类化合物本身在日光下显黄色或橙黄色，在紫外光下则显黄、红、橙色荧光。薄层展开后用氨熏或喷氢氧化钾（钠）碱溶液，则颜色变深或变色。

（1）氢氧化钾试剂 10% 氢氧化钾甲醇溶液。

（2）醋酸镁试剂 5% 醋酸镁甲醇溶液，喷后 100℃加热 5 min。

（六）香豆素与酯类

香豆素母体本身无荧光，但羟基香豆素在紫外光下常显亮蓝色荧光。层析法检识常用以下显色剂。

羟胺–氯化铁试剂 ① a. 盐酸羟胺 20 g 溶于 50 mL 水,用乙醇稀释至 200 mL,冷凉处保存;b. 氢氧化钾 50 g 溶于少许水中,加 500 mL 乙醇。② 氯化铁($FeCl_3 \cdot 6H_2O$)10 g 溶于 20 mL 的 36% 盐酸中,加乙醚 200 mL 摇匀,置密闭容器内保存。使用时将试液① a. 与① b. 按 1∶2 混合,滤去沉淀,滤液放冰箱保存。先喷此试液,稍干,再喷试液②。用于内酯类、酯类、酰胺与羧酸酐类。香豆素类显红色。

(七)皂苷类

1. 磷钼酸乙醇液

25% 的磷钼酸乙醇溶液。喷后在 140℃加热 5~10 min,皂苷元均显深蓝色。

2. 碘蒸气

薄层展开后置密闭的碘蒸气缸中,皂苷元皆显棕黄色斑点。

(八)萜类与甾体化合物

1. 香草醛–硫酸试剂

浓硫酸 1 mL 加到 50 mL 冰醋酸中,冷后加 0.5 g 香草醛。用于萜类。喷后 105℃加热 5~10 min。

2. 亚甲蓝溶液

0. 025 g 亚甲蓝溶于 100 ml 的 0.025 mol/L 硫酸溶液中,临用前用等量丙酮稀释。用于甾族硫酸酯类。

(九)醇类

香草醛–硫酸 浓硫酸 1 mL 加到 50 mL 冰醋酸中,冷后加香草醛。用于高级醇、酚、甾族化合物与精油。

(十)酚类

1. 三氯化铁试剂

1% 三氯化铁水溶液或乙醇溶液。

2. 铁氰化钾–氯化铁

① 1% 铁氰化钾溶液。② 2% 氯化铁溶液。将①②溶液等量混合。用于酚类、胺类、硫代硫酸盐与异硫代氰酸盐。

(十一)醛和酮

1. 2,4– 二硝基苯肼试液

2,4– 二硝基苯肼 1.5 g,加 20 mL 的 50% 硫酸溶液,溶解后,加水至 100 mL,过滤,即得。用于醛基、酮基与酮糖。醛和酮化合物显黄色。

2. 二硝基苯肼乙醇溶液

2,4– 二硝基苯肼 1 g,溶于 1 000 mL 乙醇,再缓缓加入 10 mL 盐酸,摇匀,即得。用于醛基、酮基与酮糖。

(十二)氨基酸、肽与胺类

茚三酮试剂 1.5 g 茚三酮溶于 100 mL 正丁醇中,再加 3 mL 冰乙酸。用于氨基酸、胺与氨基糖类,喷后 110℃加热到显色。

(十三)有机酸类

(1) 甲红指示剂 0.1% 的甲红乙醇溶液。

(2) 溴酚蓝指示剂:0.04% 溴酚蓝的乙醇溶液,用 0.1 mol/L 的 NaOH 调至微碱性。有机酸显黄色。

(3) 溴甲酚绿指示剂:0.04 g 溴甲酚绿溶于 100 mL 乙醇中,加 0.1 mol/L 氢氧化钠直至溶液刚出现蓝色。如展开剂中含有乙酸,喷前薄层在 120℃烘烤除去,冷却到室温后,喷溴甲酚绿显色剂,有机酸在蓝色背景上显黄色。

附录Ⅴ

常用化学试剂的配制方法

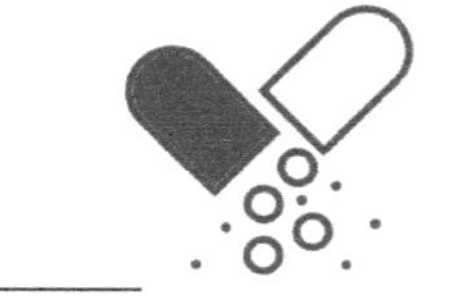

一、常用酸溶液

名称	化学式	浓度	配制方法
盐酸	HCl	12 mol/L	密度为 1.19 的浓 HCl
		8 mol/L	666.7 mL 12 mol/L 的浓 HCl，加水稀释至 1 L
		6 mol/L	12 mol/L 的浓 HCl，加等体积水稀释
		2 mol/L	167 mL 12 mol/L 的浓 HCl，加水稀释至 1 L
		1 mol/L	84 mL 12 mol/L 的浓 HCl，加水稀释至 1 L
硫酸	H_2SO_4	18 mol/L	密度为 1.84 的浓 H_2SO_4
		6 mol/L	332 mL 18 mol/L 的浓 H_2SO_4，加水稀释至 1 L
		3 mol/L	166 mL 18 mol/L 的浓 H_2SO_4，加水稀释至 1 L
		1 mol/L	56 mL 18 mol/L 的浓 H_2SO_4，加水稀释至 1 L

二、常用碱溶液

名称	化学式	浓度	配制方法
氢氧化钠	NaOH	6 mol/L	240 g NaOH 溶于水中，冷后稀释至 1 L
		2 mol/L	80 g NaOH 溶于水中，冷后稀释至 1 L
氢氧化钾	KOH	1 mol/L	56 g KOH 溶于水中，冷后稀释至 1 L
氨水	$NH_3 \cdot H_2O$	15 mol/L	密度为 0.9 的 $NH_3 \cdot H_2O$
		6 mol/L	400 mL 15 mol/L 的 $NH_3 \cdot H_2O$，加水稀释至 1 L
		3 mol/L	200 mL 15 mol/L 的 $NH_3 \cdot H_2O$，加水稀释至 1 L
		1 mol/L	67 mL 15 mol/L 的 $NH_3 \cdot H_2O$，加水稀释至 1 L

三、常用酸碱指示剂

指示剂名称	变色范围 pH	颜色变化	配制方法
甲酚红 （第一变色范围）	0.2~1.8	红－黄	0.04 g 指示剂溶于 100 mL 50% 乙醇中
百里酚蓝（麝香草酚蓝）第一变色范围	1.2~2.8	红－黄	0.1 g 指示剂溶于 100 mL 20% 乙醇中
二甲基黄	2.9~4.0	红－黄	0.1 g 或 0.01 g 指示剂溶于 100 mL 90% 乙醇中
甲基橙	3.1~4.4	红－橙黄	0.1 g 指示剂溶于 100 mL 水中
溴酚蓝	3.0~4.6	黄－蓝	0.1 g 指示剂溶于 100 mL 20% 乙醇中
刚果红	3.0~5.2	蓝紫－红	0.1 g 指示剂溶于 100 mL 水中
溴甲酚绿	3.8~5.4	黄－蓝	0.1 g 指示剂溶于 100 mL 20% 乙醇中
甲基红	4.4~6.2	红－黄	0.1 g 或 0.2 g 指示剂溶于 100 mL 20% 乙醇中
溴酚红	5.0~6.8	黄－红	0.1 g 或 0.04 g 指示剂溶于 100 mL 20% 乙醇中
溴甲酚紫	5.2~6.8	黄－紫红	0.1 g 指示剂溶于 100 mL 20% 乙醇中
溴百里酚蓝	6.0~7.6	黄－蓝	0.05 g 指示剂溶于 100 mL 20% 乙醇中
中性红	6.8~8.0	红－亮黄	0.1 g 指示剂溶于 100 mL 20% 乙醇中
酚红	6.8~8.0	黄－红	0.1 g 指示剂溶于 100 mL 20% 乙醇中
甲酚红	7.2~8.8	亮黄－紫红	0.1 g 指示剂溶于 100 mL 50% 乙醇中
百里酚蓝（麝香草酚蓝）第一变色范围	8.0~9.0	黄－蓝	0.1 g 指示剂溶于 100 mL 20% 乙醇中
酚酞	8.2~10.0	无－淡粉	0.1 g 或 1 g 指示剂溶于 90 mL 乙醇，加水至 100 mL
百里酚酞	9.4~10.6	无－蓝色	0.1 指示剂溶于 90 mL 乙醇，加水至 100 mL

四、常用缓冲溶液

pH	配制方法
0	1 mol/L HCl 溶液（当不允许有 Cl^- 时，用硝酸）
1	0.1 mol/L HCl 溶液（当不允许有 Cl^- 时，用硝酸）
2	0.01 mol/L HCl 溶液（当不允许有 Cl^- 时，用硝酸）
3.6	8 g $NaAc\cdot 3H_2O$ 溶于适量水中，加 6 mol/L HAc 溶液 134 mL，用水稀释至 500 mL
4.0	将 60 mL 冰醋酸和 16 g 无水醋酸钠溶于 100 mL 水中，用水稀释至 500 mL

续表

pH	配制方法
4.5	将 30 mL 冰醋酸和 30 g 无水醋酸钠溶于 100 mL 水中，用水稀释至 500 mL
5.0	将 30 mL 冰醋酸和 60 g 无水醋酸钠溶于 100 mL 水中，用水稀释至 500 mL
5.4	将 40 g 六次甲基四胺溶于 90 mL 水中，加入 20 mL 6 mol/L HCl 溶液
5.7	100 g $NaAc \cdot 3H_2O$ 溶于适量水中，加 6 mol/L HAc 溶液 13 mL，用水稀释至 500 mL
7	77 g NH_4Ac 溶于适量水中，用水稀释至 500 mL
7.5	66 g NH_4Cl 溶于适量水中，加浓氨水 1.4 mL，用水稀释至 500 mL
8.0	50 g NH_4Cl 溶于适量水中，加浓氨水 3.5 mL，用水稀释至 500 mL
8.5	40 g NH_4Cl 溶于适量水中，加浓氨水 8.8 mL，用水稀释至 500 mL
9.0	35 g NH_4Cl 溶于适量水中，加浓氨水 24 mL，用水稀释至 500 mL
9.5	30 g NH_4Cl 溶于适量水中，加浓氨水 65 mL，用水稀释至 500 mL
10	27 g NH_4Cl 溶于适量水中，加浓氨水 175 mL，用水稀释至 500 mL
11	3 g NH_4Cl 溶于适量水中，加浓氨水 207mL，用水稀释至 500 mL
12	0.01 mol/L NaOH 溶液（当不允许有 Na^+ 时，用 KOH）
13	0.1 mol/L NaOH 溶液（当不允许有 Na^+ 时，用 KOH）

五、常用酸碱的密度和浓度

试剂名称	密度	含量 /%	浓度 /($mol \cdot L^{-1}$)
盐酸	1.18~1.19	36~38	11.6~12.4
硝酸	1.39~1.40	65.4~68.0	14.4~15.2
硫酸	1.83~1.84	95~98	17.8~18.4
磷酸	1.69	85	14.6
高氯酸	1.68	70.0~72.0	11.7~12.0
冰醋酸	1.05	99.8（优级纯）；99.0（分析纯、化学纯）	17.4
氢氟酸	1.13	40	22.5
氢溴酸	1.49	47.0	8.6
氨水	0.88~0.90	25.0~28.0	13.3~14.8

附录Ⅵ

药剂学相关参数

药典筛规格参数表

号数	孔径 /μm	目数
1	2 000 ± 70	10
2	850 ± 29	24
3	355 ± 13	50
4	250 ± 9.9	65
5	180 ± 7.6	80
6	150 ± 6.6	100
7	125 ± 5.8	120
8	90 ± 4.6	150
9	75 ± 4.1	200

空心胶囊规格参数表

规格	容量 /mL	体长 /mm	囊体外径 /mm	帽长 /mm	囊帽外径 /mm
000	1.37	22.20 ± 0.50	9.55 ± 0.05	12.95 ± 0.50	9.91 ± 0.05
00	0.95	20.22 ± 0.50	7.38 ± 0.05	11.74 ± 0.50	7.70 ± 0.05
0	0.68	18.44 ± 0.50	7.33 ± 0.05	10.72 ± 0.50	7.64 ± 0.05
1	0.50	16.60 ± 0.50	6.63 ± 0.05	9.80 ± 0.50	6.91 ± 0.05
2	0.37	15.40 ± 0.50	6.07 ± 0.05	9.00 ± 0.50	6.35 ± 0.05
3	0.30	13.60 ± 0.50	5.57 ± 0.05	8.10 ± 0.50	5.83 ± 0.05
4	0.21	12.20 ± 0.50	5.06 ± 0.05	7.20 ± 0.50	5.32 ± 0.05

注：按照《FDA：片剂和胶囊仿制药的尺寸和外形设计要求指南》的建议，基于对吞咽障碍的考虑，口服胶囊的尺寸不大于 0 号。

片剂尺寸及冲头选择表

冲头直径－片剂直径 /mm①	片剂厚度 /mm②	体积 /$mm^3$③	质量 /g④
3.0	0.75	5.30	0.01
4.0	1.00	12.57	0.02
5.0	1.25	24.54	0.04
6.0	1.50	42.41	0.07
8.0	2.00	100.53	0.16
10.0	2.50	196.35	0.31
12.0	3.00	339.29	0.54
14.0	3.50	538.78	0.86

注：1. ① 根据《中华人民共和国制药机械行业标准 JB20022—2004》中关于压片机药品冲模的规定，压片机冲模中的冲头的直径主要有 3 mm、3.5 mm、4 mm、4.5 mm、5 mm、5.5 mm、6 mm、6.5 mm、7 mm、7.5 mm、8 mm、8.5 mm、9 mm、9.5 mm、10 mm、10.5 mm、11 mm、11.5 mm、12 mm、12.5 mm、13 mm、14 mm、15 mm、16 mm、17 mm、18 mm、19 mm、20 mm，表格中给出了较为常见的冲头直径。② 从片剂美观性等方面考虑，一般片剂的直径 / 厚度 =4。③ 表格中片剂的体积以较为常见的双平面圆片形状计算。④ 由于片剂的密度与其中物质组成和压实程度有关，表中的片剂密度按 1.6 g/cm^3 计算。

2. 按照《FDA：片剂和胶囊仿制药的尺寸和外形设计要求指南》的建议，基于对吞咽障碍的考虑，口服片剂的最大直径不要超过 22 mm。